조리능력 향상의 길잡이

한식조리
찌개

한혜영·신은채·안정화·임재창 공저

🅑 (주)백산출판사

머리말

과학기술의 발달은 사회 변동을 촉진하고 그 결과 사회는 점점 빠르게 변화되고 있다.

사회가 발달하고 경제상황이 좋아짐에 따라 식생활문화는 풍요로워졌고, 음식문화에 대한 인식변화를 가져오게 되었다.

음식은 단순한 영양섭취 목적보다는 건강을 지키고 오감을 만족시켜 행복지수를 높이며, 음식커뮤니케이션의 기능과 함께 오락기능을 더하고 있다.

이에 전문 조리사는 다양한 직업으로 분업화 · 세분화되어 활동하게 되는데, 그 인기도는 조리 전문 방송 프로그램이 많아진 것을 보면 쉽게 알 수 있다.

현재 우리나라는 국가직무능력표준(NCS: national competency standards)을 개발하여 산업현장에서 직무를 수행하기 위해 요구되는 지식, 기술을 국가적 차원에서 표준화하고 있다.

이 책은 조리의 기초적인 부분부터 조리사가 알아야 하는 전반적인 내용을 담고 있어 산업현장에 적합한 인적자원 양성에 도움이 되는 전문서가 될 것으로 생각하며, 조리능력 향상에 길잡이가 될 것으로 믿는다.

왜냐하면 특급호텔인 롯데와 인터컨티넨탈에서 15년간의 현장 경험과 15년의 교육 경력을 바탕으로 정확한 레시피와 자세한 설명을 곁들여 정리하였기 때문이다.

조리학문 발전을 위해 노력하신 많은 선배님들께 감사드리며, 늘 배려를 아끼지 않으시는 백산출판사 사장님 이하 직원분들께 머리 숙여 깊은 감사를 드린다.

조리인이여~
넓은 세상을 보고 많은 꿈을 꾸며, 희망을 가지고 남다른 노력을 한다면, 소망과 꿈은 이루어지리라.

대표저자 **한혜영**

CONTENTS

○ 한식조리기능사 실기 품목

NCS – 학습모듈의 위치

대분류	음식서비스		
중분류		식음료조리·서비스	
소분류			음식조리

한식 찌개 조리 학습모듈의 개요

학습모듈의 목표

육수나 국물에 장류나 젓갈로 간을 하고 육류, 채소류, 버섯류, 해산물류를 용도에 맞게 썰어 넣어 함께 끓여낼 수 있다.

선수학습

식품재료학, 조리과학, 한식조리

학습모듈의 내용체계

학습	학습내용	NCS 능력단위요소	
		코드번호	요소명칭
1. 찌개 재료 준비하기	1-1. 찌개 재료 준비 및 전처리	1301010123_16v3.1	찌개 재료 준비하기
	1-2. 찌개 육수 조리		
2. 찌개 조리하기	2-1. 찌개 조리	1301010123_16v3.2	찌개 조리하기
3. 찌개 담기	3-1. 찌개 그릇 선택	1301010123_16v3.3	찌개 담기

핵심 용어

찌개, 양념장, 육수, 뚝배기, 벙거짓골, 쟁개비, 냄비, 조치보

분류번호	1301010123_16v3
능력단위 명칭	한식 찌개 조리
능력단위 정의	한식 찌개 조리란 육수나 국물에 장류나 젓갈로 간을 하고 육류, 채소류, 버섯류, 해산물류를 용도에 맞게 썰어 넣어 함께 끓여내는 조리 능력이다.

능력단위요소	수행준거
1301010123_16v3.1 찌개 재료 준비하기	1.1 조리종류에 따라 도구와 재료를 준비할 수 있다. 1.2 조리에 사용하는 재료를 필요량에 맞게 계량할 수 있다. 1.3 재료에 따라 요구되는 전처리를 수행할 수 있다. 1.4 찬물에 육수 재료를 넣고 서서히 끓일 수 있다. 1.5 끓이는 중 부유물과 기름이 떠오르면 걷어내어 제거할 수 있다. 1.6 조리종류에 따라 끓이는 시간과 불의 강도를 조절할 수 있다.
	【지식】 • 국물·육수종류 • 양념과 부재료의 성분과 특성 • 재료 선별법 • 재료의 전처리 • 재료특성의 조리원리 • 조리도구 종류와 용도 • 찌개, 전골의 종류와 특성 • 육수 만드는 방법 • 육수의 관능평가 • 육수의 종류 • 조리기구사용법 • 조미료, 향신료의 종류와 특성 • 끓이는 시간과 불의 세기
	【기술】 • 국물, 육수, 종류에 따른 주재료 선별 능력 • 재료 신선도 선별능력 • 재료 전처리 능력 • 저장, 보관능력 • 부유물과 기름을 제거하여 육수 끓이는 능력 • 불의 세기 조절능력 • 육수를 냉각하여 보관하는 능력 • 육수의 상태 판별능력 • 뼈, 육류, 어패류로 육수 끓이는 기술
	【태도】 • 바른 작업 태도 • 반복훈련태도 • 안전사항 준수태도 • 위생관리태도 • 재료점검태도 • 끓이는 과정 육수 상태 관찰 태도

	2.1 채소류 중 단단한 재료는 데치거나 삶아서 사용할 수 있다.
	2.2 조리법에 따라 재료는 양념하여 밑간할 수 있다.
	2.3 육수에 재료와 양념을 첨가 시점을 조절하여 넣고 끓일 수 있다.
	【지식】 • 양념 활용법 • 재료 활용법 • 재료종류와 특성 • 찌개의 종류 및 특성 • 조리과정 중의 물리화학적 변화에 관한 조리과학적 지식
1301010123_16v3.2 찌개 조리하기	【기술】 • 재료의 종류와 특성에 맞게 조리하는 능력 • 찌개 조리 특성에 맞는 국물의 양 조절능력 • 화력 조절능력
	【태도】 • 바른 작업 태도 • 조리과정을 관찰하는 태도 • 실험조리를 수행하는 과학적 태도 • 안전관리태도 • 위생관리태도 • 준비재료 점검태도
	3.1 조리종류와 색, 형태, 인원수, 분량 등을 고려하여 그릇을 선택할 수 있다.
	3.2 조리 특성에 맞게 건더기와 국물의 양을 조절할 수 있다.
	3.3 온도를 뜨겁게 유지하여 제공할 수 있다.
	【지식】 • 재료를 조화롭게 담는 방법 • 찌개 조리 그릇 선택
1301010123_16v3.3 찌개 담기	【기술】 • 국물의 양 조절 능력 • 그릇을 고려하여 담는 능력 • 찌개 조리 특성에 맞는 온도조절 능력 • 조리종류에 맞는 그릇 선택능력
	【태도】 • 관찰태도 • 바른 작업 태도 • 안전관리태도 • 위생관리태도 • 반복훈련태도

적용범위 및 작업상황

고려사항

- 찌개 조리 능력단위는 다음 범위가 포함된다.
  - 찌개류 : 맑은 찌개류 – 두부젓국찌개, 명란젓국찌개, 호박젓국찌개
  - 탁한 찌개류 : 된장찌개, 생선찌개, 순두부찌개, 청국장찌개, 두부고추장찌개, 호박감정, 오이감정, 게감정 등
- 감정이란 고추장으로 조미하여 끓인 찌개의 한 종류이며 찌개와 비슷한 말로 궁중용어인 조치, 국물이 찌개보다 적은 지짐이가 있다.
- 찌개 조리의 전처리란 맑은 육수를 만들기 위해 사전에 육류를 물에 담가 핏물을 제거하고, 뼈는 핏물을 제거하고 끓는 물에 데쳐내는 과정과 채소류를 깨끗하게 다듬고 씻는 것을 말한다.
- 육수는 소고기를 주로 사용하고 닭고기, 어패류, 버섯류, 채소류, 다시마 등을 사용하며 끓일 때 향신채(파, 마늘, 생강, 통후추)와 함께 끓인다.
- 조개류로 육수를 만들 때는 소금물에 해감을 제거한 후 약불로 단시간에 끓여낸다.
- 멸치로 육수를 낼 때는 내장을 제거하고 15분 정도 끓인다.
- 찌개를 그릇에 담을 때는 건더기를 국물보다 많이 담는다.
- 찌개 종류에 따라 상 위에서 끓이도록 그릇에 담아 그대로 제공하거나 끓여서 제공한다.

자료 및 관련 서류

- 한식조리 전문서적
- 조리원리 전문서적, 관련 자료
- 식품재료 관련 전문서적
- 식품재료의 원가, 구매, 저장 관련서적
- 안전관리수칙 서적
- 매뉴얼에 의한 조리과정, 조리결과 체크리스트
- 식자재 구매 명세서

- 조리도구 관련서적
- 식품영양 관련서적
- 식품가공 관련서적
- 식품위생법규 전문서적
- 원산지 확인서
- 조리도구 관리 체크리스트

장비 및 도구

- 조리용 칼, 도마, 냄비, 계량저울, 계량스푼, 조리용 젓가락, 온도계, 체, 조리용 집게, 국자, 채반, 소창(면보), 타이머 등
- 가스레인지, 전기레인지 또는 가열도구
- 조리복, 조리모, 앞치마, 조리안전화, 행주, 분리수거용 봉투 등

재료

- 채소류(미나리, 배추, 무, 당근, 쑥갓, 대파, 실파, 콩나물, 고추, 양파, 마늘, 생강 등)
- 육류와 육류의 뼈 등
- 가금류와 가금류의 뼈 등
- 장류, 젓갈, 고춧가루 등

평가지침

평가방법

- 평가자는 능력단위 한식 찌개 조리의 수행준거에 제시되어 있는 내용을 평가하기 위해 이론과 실기를 나누어 평가하거나 종합적인 결과물의 평가 등 다양한 평가 방법을 사용할 수 있다.
- 피평가자의 과정평가 및 결과평가 방법

평가방법	평가유형	
	과정평가	결과평가
A. 포트폴리오	V	V
B. 문제해결 시나리오		
C. 서술형시험	V	V
D. 논술형시험		
E. 사례연구		
F. 평가자 질문	V	V
G. 평가자 체크리스트	V	V
H. 피평가자 체크리스트		
I. 일지/저널		
J. 역할연기		
K. 구두발표		
L. 작업장평가	V	V
M. 기타		

평가 시 고려사항

- 수행준거에 제시되어 있는 내용을 성공적으로 수행할 수 있는지를 평가해야 한다.
- 평가자는 다음 사항을 평가해야 한다.
  - 조리복, 조리모 착용 및 개인 위생 준수능력
  - 위생적인 조리과정
  - 재료준비 과정
  - 조리순서 과정
  - 화력조절 능력
  - 국물을 조리종류에 맞게 우려내는 능력
  - 양념장의 활용능력
  - 조리의 숙련도
  - 찌개 조리의 완성도
  - 조리도구의 사용 전, 후 세척
  - 조리 후 정리정돈 능력

직업기초능력

순번	직업기초능력	
	주요영역	하위영역
1	의사소통능력	경청 능력, 기초외국어 능력, 문서이해 능력, 문서작성 능력, 의사표현 능력
2	문제해결능력	문제처리 능력, 사고력
3	자기개발능력	경력개발 능력, 자기관리 능력, 자아인식 능력
4	정보능력	정보처리 능력, 컴퓨터활용 능력
5	기술능력	기술선택 능력, 기술이해 능력, 기술적용 능력
6	직업윤리	공동체윤리, 근로윤리

개발·개선 이력

구분		내용
직무명칭(능력단위명)		한식조리(한식 찌개 조리)
분류번호	기존	1301010105_14v2
	현재	1301010123_16v3,1301010124_16v3
개발·개선연도	현재	2016
	최초(1차)	2014
버전번호		v3
개발·개선기관	현재	(사)한국조리기능장협회
	최초(1차)	
향후 보완 연도(예정)		–

한식조리 찌개

이론
&
실기

한식조리
찌개 이론

◆ 찌개

찌개는 밥상차림에서 필수음식 중 하나이다. 국이나 찌개요리는 갱(羹)에 같은 뿌리를 둔 것이며 식품이 다양해지고 장류가 분화하면서 국과 찌개로 분화 · 발달한 것으로 생각한다.

찌개는 조치, 지짐이, 감정이라고도 하는데, 모두 건지가 국보다는 많고 간은 센 편으로, 밥에 따르는 찬품이다. 조치란 궁중에서 찌개를 일컫는 말이고, 감정은 고추장으로 조미한 찌개이다. 지짐이는 국물이 찌개보다 적은 편이나 뚜렷한 특징은 없다.

《시의 전서》에 "죳치 각색 찌개 이름이 죳치"란 글이 적혀 있다. 재료에 따라 골조치, 처녑조치, 생선조치 등을 들어서 설명하였고, 조미료에 따라 간장에 하는 것을 맑은 조치, 고추장이나 된장에 쌀뜨물로 하는 것을 토장조치라 하고, 젓국조치도 맑은 조치라 하였다.

찌개가 오늘날 우리나라 조리에서 차지하는 비중이 매우 크지만 조선시대의 조리서에 찌개니 조치니 하는 말이 보이지 않다가 《시의전서》에 비로소 등장하니 이러한 조리명이 이 무렵에야 국에서 분화되어 나온 것이 아닌가 한다.

궁중이나 상류층의 조치는 맑은 조치이겠지만 서민의 조치는 토장찌개이다. 이것은 뚝배기에 된장을 물에 개어서 조리로 걸러 물을 조금 붓고 그 속에 다진 소고기와 썬 표고버섯을 같은 분량만큼 넣고는 참기름, 다진 대파, 마늘, 생강으로 양념하여 너무 짜지 않게 뜨물을 풀어서 끓인다. 궁중에서는 밥솥에다 찐다.

반가에서는 건더기를 조금 넣고 된장을 진하게 넣어 끓이니 이것은 강된장찌개라 한다. 그리고 조치는 뚝배기에 끓이는데 이것은 끓고 있는 것을 불에서 내려도 쉽게 식지 않는 특징이 있다. 찌개는 조미

재료에 따라 된장찌개, 고추장찌개, 새우젓찌개로 나뉜다.

된장찌개 중 특이한 것으로 평양의 무오가리찌개를 들 수 있다. 예전에는 대동강물이 꽁꽁 언 추운 겨울에 동치미 무를 건져서 눈 쌓인 장독대 위에 늘어놓고 한두 달 얼렸다 녹였다를 반복하면서 바싹 말려 소쿠리에 갈무리해 두었다가 더운 여름에 끓여 먹었다고 한다. 찌개를 끓일 때는 무오가리를 물에 불렸다가 작게 썰어서 충분히 주물러 빨고 물기를 꼭 짜서 마늘을 넉넉히 다져 넣고 고추장에 고루 버무린다. 냄비에 먼저 돼지갈비를 깔고 위에 오가리를 얹고, 된장을 풀어서 잠길 정도로 부어 약한 불에서 두어 시간 푹 곤다. 돼지 뼈에서 맛이 우러나면 파를 숭숭 썰어 넣고 두 시간쯤 더 끓인다. 빛깔이 거무스름하고 구수하며 약간 텁텁한 편이다.

매운탕은 처음부터 생선을 토막내어 끓이기도 하지만 민어처럼 큰 생선은 우선 횟감으로 살을 떠내고 나서 남은 머리나 내장을 모아 고추장을 풀고 찌개를 끓이는데 이를 서돌찌개라고 한다. 원래 '서돌'이란 "집 짓는 데 중요한 재목으로 서까래, 도리, 보, 기둥 따위를 통틀어 이르는 말이다. 등신은 살이 안 붙은 부분으로 서돌이라고 한다.

찌개의 종류에는 가조기찌개, 감동젓찌개, 감정, 강된장찌개, 게감정, 게알조치, 게조치, 달걀조치, 골조치, 굴두부조치, 굴비찌개, 굴찌개, 김치순두부, 김치조치, 꽃게찌개, 닭젓국조치, 담뿍장찌개, 대구고니와 조개매운탕, 대구 명태이리찌개, 도루묵젓찌개, 도미찌개, 동아갱, 동태찌개, 되지비탕, 된장찌개, 두부고추장찌개, 두부새우젓찌개, 두부찌개, 마른대구찌개, 명란젓찌개, 명란조치, 명태조치, 무새우젓찌개, 무장찌개, 무젓국조치, 민어찌개, 밴댕이찌개, 북어찌개, 붕어찌개, 비웃찌개, 비지찌개, 새우젓시래기찌개, 새우젓찌개, 생선고추장찌개, 선지찌개, 송이찌개, 수잔지, 순두부찌개, 숭어조치, 알찌개, 양찌기찌개, 어복쟁반, 연어알찌개, 오이감정, 오이장, 왁저지, 우거지찌개, 웅어감정, 자반방어찌개, 잡탕찌개, 젓국찌개, 조기찌개, 조연포갱, 준치찌개, 중탕, 처녑조치, 청국장찌개, 콩비지찌개, 표고버섯찌개, 풋고추찌개, 해갱, 호박오가리찌개 등이 있다.

참고문헌

• 3대가 쓴 한국의 전통음식(황혜선 외, 교문사, 2010)

• 두산백과

• 우리가 정말 알아야 할 우리 음식 백가지 1(한복진 외, 현암사, 1998)

• 천년한식견문록(정혜경, 생각의나무, 2009)

• 한국민족문화대백과사전(한국학중앙연구원, 1991)

• 한국식품사연구(윤서석, 신광출판사, 1974)

• 한국요리문화사(이성우, 교문사, 1985)

• 한국의 음식문화(이효지, 신광출판사, 1998)

Memo

두부된장찌개

- 두부 100g
- 감자 1개
- 애호박 100g
- 붉은 고추 1개
- 풋고추 1개
- 대파 50g
- 된장 2큰술
- 고추장 1작은술
- 다진 마늘 1작은술
- 소금 약간
- 멸치육수(국물용 멸치) 20g
- 물 2컵

만드는 법

재료 확인하기

1 부추, 마른 새우, 붉은 고추, 국물용 멸치 등 확인하기

사용할 도구 선택하기

2 냄비, 프라이팬, 나무젓가락 등을 선택하여 준비한다.

재료 계량하기

3 각각의 재료 분량을 컵과 계량스푼, 저울로 계량하기

재료 준비하기

4 두부는 4cm×3cm×0.8cm 크기로 썬다.
5 감자는 껍질을 벗기고 반으로 잘라 0.8cm 두께로 썬다.
6 애호박은 반으로 갈라 0.8cm 두께로 썬다.
7 붉은 고추, 풋고추, 대파는 어슷썰기한다.
8 멸치는 아가미와 내장을 제거한다.

조리하기

9 냄비에 물을 넣고 끓으면 볶은 멸치를 넣어 10분 정도 중불에서 끓인다. 멸치를 체로 건져내고 된장, 고추장을 풀어 끓인다.
10 감자, 두부, 애호박, 고추를 넣어 끓이고 감자가 익으면 대파, 마늘을 넣어 끓인다.

담아 완성하기

11 두부된장찌개 담을 그릇을 선택한다.
12 두부된장찌개를 따뜻하게 담아낸다.
＊ 꽃게, 오징어, 낙지, 바지락 등을 넣어 끓여도 좋다.

| 서술형 시험

학습내용	평가 항목	성취수준		
		상	중	하
찌개 재료 준비 및 전처리	찌개의 종류별로 특징을 파악하는 능력			
	생선의 비린내를 제거하는 방법			
찌개 육수 조리	육수의 종류를 파악하는 능력			
	육수를 끓이는 과정에 일어나는 변화의 이해능력			
찌개 조리	찌개의 종류를 구분하는 능력			
	메뉴별 찌개 재료를 준비하는 능력			
찌개 그릇 선택	메뉴에 따라 그릇을 선택하는 방법			
찌개 담기	찌개를 조화롭게 담는 방법			

| 평가자 체크리스트

학습내용	평가 항목	성취수준		
		상	중	하
찌개 재료 준비 및 전처리	재료를 계량하는 능력			
	찌개 재료의 전처리 능력			
찌개 육수 조리	육수에 따른 재료를 준비하는 능력			
	부유물과 기름을 건어내는 방법과 적절성			
찌개 조리	찌개의 색을 유지하는 능력			
	찌개의 양념을 조절하는 능력			
	찌개의 익힘 정도를 조절하는 능력			
	주재료와 부재료를 끓여서 국물의 양을 조절하는 능력			
찌개 그릇 선택	음식의 양, 계절성 등을 고려하여 선택하는 능력			
찌개 담기	메뉴에 따른 부재료를 담는 능력			

작업장 평가

학습내용	평가 항목	성취수준		
		상	중	하
찌개 재료 준비 및 전처리	재료의 상태에 따른 계량 능력			
	찌개 재료에 따른 전처리 능력			
찌개 육수 조리	메뉴에 적합한 육수 만드는 능력			
	육수의 사용량을 만드는 능력			
찌개 조리	찌개와 국물의 비율이 맞도록 조절하는 능력			
	색을 유지하며 끓이는 능력			
	양념을 조절하여 간을 맞추는 능력			
	익힘 정도를 적합하게 하는 능력			
	불의 세기를 조절하는 능력			
찌개 그릇 선택	찌개를 끓일 냄비를 선택하는 능력			
찌개 담기	쑥갓, 팽이버섯 등 조리 시간을 고려하여 같이 담거나 별도의 그릇에 담아 내는 능력			

학습자 완성품 사진

강된장찌개

재료

- 소고기 100g
- 불린 표고버섯 3장
- 풋고추 1개
- 붉은 고추 1개

육수
- 국물용 멸치 40g
- 다시마 6g · 물 4컵

고기양념
- 간장 1½작은술
- 설탕 1/2작은술
- 다진 대파 2작은술
- 다진 마늘 1작은술
- 참기름 2작은술
- 깨소금 1작은술
- 후춧가루 1/8작은술

양념장
- 된장 4큰술
- 고추장 1큰술
- 꿀 1/2큰술
- 참기름 1/2큰술

만드는 법

재료 확인하기
1 소고기, 표고버섯, 풋고추, 붉은 고추, 국물용 멸치 등 확인하기

사용할 도구 선택하기
2 냄비, 프라이팬, 나무젓가락 등을 선택하여 준비한다.

재료 계량하기
3 각각의 재료 분량을 컵과 계량스푼, 저울로 계량하기

재료 준비하기
4 소고기는 가늘게 채 썬다.
5 불린 표고버섯은 가늘게 채 썬다.
6 고추는 어슷썰기한 후 씨를 제거한다.
7 멸치는 아가미와 내장을 제거한다.
8 다시마는 젖은 면포로 닦는다.

조리하기
9 분량의 재료를 섞어 고기양념을 만든다. 채 썬 소고기와 표고버섯을 버무린다.
10 손질한 멸치를 노릇노릇하게 볶는다.
11 냄비에 찬물, 다시마를 넣고 물이 끓으면 다시마를 건지고 볶은 멸치를 넣어 10분 정도 중불에서 끓여 체에 거른다.
12 된장, 고추장, 꿀, 참기름을 섞어 양념장을 만든다.
13 냄비에 양념된 소고기, 표고버섯을 넣고 볶다가, 양념장을 넣어 볶는다. 육수를 부어 끓여 되직해지면 청·붉은 고추를 넣어 2분 정도 더 끓인다.

담아 완성하기
14 강된장찌개 담을 그릇을 선택한다.
15 강된장찌개를 따뜻하게 담아낸다.

학습 평가

| 서술형 시험

학습내용	평가 항목	성취수준		
		상	중	하
찌개 재료 준비 및 전처리	찌개의 종류별로 특징을 파악하는 능력			
	생선의 비린내를 제거하는 방법			
찌개 육수 조리	육수의 종류를 파악하는 능력			
	육수를 끓이는 과정에 일어나는 변화의 이해능력			
찌개 조리	찌개의 종류를 구분하는 능력			
	메뉴별 찌개 재료를 준비하는 능력			
찌개 그릇 선택	메뉴에 따라 그릇을 선택하는 방법			
찌개 담기	찌개를 조화롭게 담는 방법			

| 평가자 체크리스트

학습내용	평가 항목	성취수준		
		상	중	하
찌개 재료 준비 및 전처리	재료를 계량하는 능력			
	찌개 재료의 전처리 능력			
찌개 육수 조리	육수에 따른 재료를 준비하는 능력			
	부유물과 기름을 건어내는 방법과 적절성			
찌개 조리	찌개의 색을 유지하는 능력			
	찌개의 양념을 조절하는 능력			
	찌개의 익힘 정도를 조절하는 능력			
	주재료와 부재료를 끓여서 국물의 양을 조절하는 능력			
찌개 그릇 선택	음식의 양, 계절성 등을 고려하여 선택하는 능력			
찌개 담기	메뉴에 따른 부재료를 담는 능력			

작업장 평가

학습내용	평가 항목	성취수준		
		상	중	하
찌개 재료 준비 및 전처리	재료의 상태에 따른 계량 능력			
	찌개 재료에 따른 전처리 능력			
찌개 육수 조리	메뉴에 적합한 육수 만드는 능력			
	육수의 사용량을 만드는 능력			
찌개 조리	찌개와 국물의 비율이 맞도록 조절하는 능력			
	색을 유지하며 끓이는 능력			
	양념을 조절하여 간을 맞추는 능력			
	익힘 정도를 적합하게 하는 능력			
	불의 세기를 조절하는 능력			
찌개 그릇 선택	찌개를 끓일 냄비를 선택하는 능력			
찌개 담기	쑥갓, 팽이버섯 등 조리 시간을 고려하여 같이 담거나 별도의 그릇에 담아 내는 능력			

학습자 완성품 사진

청국장찌개

재료

- 소고기 100g
- 배추김치 100g
- 두부 150g
- 대파 20g
- 풋고추 1개
- 붉은 고추 1개
- 쌀뜨물 또는 물 4컵

양념장
- 청국장 150g
- 고춧가루 1작은술
- 소금 1/2작은술

고기양념
- 국간장 1작은술
- 다진 대파 1작은술
- 다진 마늘 1/2작은술
- 참기름 1/2작은술
- 깨소금 1/2작은술
- 후춧가루 1/8작은술

만드는 법

재료 확인하기
1 소고기, 배추김치, 두부, 풋고추, 붉은 고추 등 확인하기

사용할 도구 선택하기
2 냄비, 나무젓가락 등을 선택하여 준비한다.

재료 계량하기
3 각각의 재료 분량을 컵과 계량스푼, 저울로 계량하기

재료 준비하기
4 소고기는 2.5cm×2.5cm×0.2cm로 썬다.
5 배추김치는 속을 털어내고 2cm×2cm로 썬다.
6 두부는 2cm×3cm×1cm로 썬다.
7 고추와 대파는 어슷썰기한다.
8 쌀뜨물을 준비한다.

조리하기
9 청국장, 고춧가루, 소금을 섞어 양념장을 만든다.
10 썰은 고기는 고기양념으로 버무린다.
11 냄비에 소고기를 볶고 쌀뜨물을 넣어 끓인다. 배추김치, 두부를 넣어 25분 정도 중불에서 끓인다. 양념장과 고추, 대파를 넣어 2분 정도 더 끓인다.

담아 완성하기
12 청국장찌개 담을 그릇을 선택한다.
13 청국장찌개를 따뜻하게 담아낸다.

학습
평가

서술형 시험

학습내용	평가 항목	성취수준		
		상	중	하
찌개 재료 준비 및 전처리	찌개의 종류별로 특징을 파악하는 능력			
	생선의 비린내를 제거하는 방법			
찌개 육수 조리	육수의 종류를 파악하는 능력			
	육수를 끓이는 과정에 일어나는 변화의 이해능력			
찌개 조리	찌개의 종류를 구분하는 능력			
	메뉴별 찌개 재료를 준비하는 능력			
찌개 그릇 선택	메뉴에 따라 그릇을 선택하는 방법			
찌개 담기	찌개를 조화롭게 담는 방법			

평가자 체크리스트

학습내용	평가 항목	성취수준		
		상	중	하
찌개 재료 준비 및 전처리	재료를 계량하는 능력			
	찌개 재료의 전처리 능력			
찌개 육수 조리	육수에 따른 재료를 준비하는 능력			
	부유물과 기름을 걷어내는 방법과 적절성			
찌개 조리	찌개의 색을 유지하는 능력			
	찌개의 양념을 조절하는 능력			
	찌개의 익힘 정도를 조절하는 능력			
	주재료와 부재료를 끓여서 국물의 양을 조절하는 능력			
찌개 그릇 선택	음식의 양, 계절성 등을 고려하여 선택하는 능력			
찌개 담기	메뉴에 따른 부재료를 담는 능력			

작업장 평가

학습내용	평가 항목	성취수준		
		상	중	하
찌개 재료 준비 및 전처리	재료의 상태에 따른 계량 능력			
	찌개 재료에 따른 전처리 능력			
찌개 육수 조리	메뉴에 적합한 육수 만드는 능력			
	육수의 사용량을 만드는 능력			
찌개 조리	찌개와 국물의 비율이 맞도록 조절하는 능력			
	색을 유지하며 끓이는 능력			
	양념을 조절하여 간을 맞추는 능력			
	익힘 정도를 적합하게 하는 능력			
	불의 세기를 조절하는 능력			
찌개 그릇 선택	찌개를 끓일 냄비를 선택하는 능력			
찌개 담기	쑥갓, 팽이버섯 등 조리 시간을 고려하여 같이 담거나 별도의 그릇에 담아 내는 능력			

학습자 완성품 사진

굴비젓국찌개

재료

- 말린 굴비 2마리
- 쌀뜨물 또는 물1컵
- 두부 100g
- 무 100g
- 붉은 고추 1개
- 실파 2뿌리
- 물 3컵
- 새우젓 1작은술
- 참기름 1/2작은술
- 청양고추 1개
- 소고기 50g
- 대파 50g

만드는 법

재료 확인하기
1 말린 굴비, 쌀뜨물, 두부, 무, 붉은 고추, 실파, 새우젓 등 확인하기

사용할 도구 선택하기
2 냄비, 나무젓가락 등을 선택하여 준비한다.

재료 계량하기
3 각각의 재료 분량을 컵과 계량스푼, 저울로 계량하기

재료 준비하기
4 굴비는 쌀뜨물에 담갔다가 짠맛을 제거하고 지느러미, 비늘을 제거
  한다.
5 두부와 무는 사방 2cm×2cm×0.7cm 크기로 썬다.
6 고추, 대파는 2cm×0.5cm 크기로 채를 썬다.
7 실파는 2cm길이로 썬다.
8 소고기는 찬물에 담근다.

조리하기
9 소고기는 육수를 끓인다.
10 육수에 굴비와 무를 넣어 끓인다.
11 두부와 대파, 고추, 마늘을 넣어 끓인다.
12 실파를 넣어 끓이고, 거품은 걷어낸다. 새우젓으로 간을 맞춘다.
13 냄비에 불을 끄고, 참기름을 넣는다.

담아 완성하기
14 굴비젓국찌개 담을 그릇을 선택한다.
15 굴비젓국찌개를 따뜻하게 담아낸다.

학습 평가

| 서술형 시험

학습내용	평가 항목	성취수준		
		상	중	하
찌개 재료 준비 및 전처리	찌개의 종류별로 특징을 파악하는 능력			
	생선의 비린내를 제거하는 방법			
찌개 육수 조리	육수의 종류를 파악하는 능력			
	육수를 끓이는 과정에 일어나는 변화의 이해능력			
찌개 조리	찌개의 종류를 구분하는 능력			
	메뉴별 찌개 재료를 준비하는 능력			
찌개 그릇 선택	메뉴에 따라 그릇을 선택하는 방법			
찌개 담기	찌개를 조화롭게 담는 방법			

| 평가자 체크리스트

학습내용	평가 항목	성취수준		
		상	중	하
찌개 재료 준비 및 전처리	재료를 계량하는 능력			
	찌개 재료의 전처리 능력			
찌개 육수 조리	육수에 따른 재료를 준비하는 능력			
	부유물과 기름을 걷어내는 방법과 적절성			
찌개 조리	찌개의 색을 유지하는 능력			
	찌개의 양념을 조절하는 능력			
	찌개의 익힘 정도를 조절하는 능력			
	주재료와 부재료를 끓여서 국물의 양을 조절하는 능력			
찌개 그릇 선택	음식의 양, 계절성 등을 고려하여 선택하는 능력			
찌개 담기	메뉴에 따른 부재료를 담는 능력			

작업장 평가

학습내용	평가 항목	성취수준		
		상	중	하
찌개 재료 준비 및 전처리	재료의 상태에 따른 계량 능력			
	찌개 재료에 따른 전처리 능력			
찌개 육수 조리	메뉴에 적합한 육수 만드는 능력			
	육수의 사용량을 만드는 능력			
찌개 조리	찌개와 국물의 비율이 맞도록 조절하는 능력			
	색을 유지하며 끓이는 능력			
	양념을 조절하여 간을 맞추는 능력			
	익힘 정도를 적합하게 하는 능력			
	불의 세기를 조절하는 능력			
찌개 그릇 선택	찌개를 끓일 냄비를 선택하는 능력			
찌개 담기	쑥갓, 팽이버섯 등 조리 시간을 고려하여 같이 담거나 별도의 그릇에 담아 내는 능력			

학습자 완성품 사진

명란젓국찌개

재료

- 명란젓 50g
- 소고기 양지머리 50g
- 두부 100g
- 무 100g
- 쪽파 20g
- 참기름 1/3작은술

고기양념

- 국간장 1/2작은술
- 다진 대파 1작은술
- 다진 마늘 1/2작은술
- 참기름 1작은술
- 후춧가루 1/8작은술

만드는 법

재료 확인하기
1 명란젓, 소고기 양지머리, 두부, 무, 쪽파 등 확인하기

사용할 도구 선택하기
2 냄비, 나무젓가락 등을 선택하여 준비한다.

재료 계량하기
3 각각의 재료 분량을 컵과 계량스푼, 저울로 계량하기

재료 손질하기
4 명란젓은 2cm 정도로 썬다.
5 소고기 양지머리는 얇게 저며 썬다.
6 두부와 무는 2cm×3cm×1cm 크기로 썬다.
7 쪽파는 다듬어서 4cm 길이로 썬다.

조리하기
8 소고기 양지머리는 고기양념을 한다.
9 냄비에 양념한 고기, 물 3컵을 넣어 끓인다.
10 육수에 무를 넣어 익으면 명란, 두부, 쪽파를 넣어 끓이고, 맛이 어우러지면 참기름을 넣는다.

담아 완성하기
11 명란젓국찌개 담을 그릇을 선택한다.
12 명란젓국찌개를 따뜻하게 담아낸다.

학습 평가

| 서술형 시험

학습내용	평가 항목	성취수준		
		상	중	하
찌개 재료 준비 및 전처리	찌개의 종류별로 특징을 파악하는 능력			
	생선의 비린내를 제거하는 방법			
찌개 육수 조리	육수의 종류를 파악하는 능력			
	육수를 끓이는 과정에 일어나는 변화의 이해능력			
찌개 조리	찌개의 종류를 구분하는 능력			
	메뉴별 찌개 재료를 준비하는 능력			
찌개 그릇 선택	메뉴에 따라 그릇을 선택하는 방법			
찌개 담기	찌개를 조화롭게 담는 방법			

| 평가자 체크리스트

학습내용	평가 항목	성취수준		
		상	중	하
찌개 재료 준비 및 전처리	재료를 계량하는 능력			
	찌개 재료의 전처리 능력			
찌개 육수 조리	육수에 따른 재료를 준비하는 능력			
	부유물과 기름을 건어내는 방법과 적절성			
찌개 조리	찌개의 색을 유지하는 능력			
	찌개의 양념을 조절하는 능력			
	찌개의 익힘 정도를 조절하는 능력			
	주재료와 부재료를 끓여서 국물의 양을 조절하는 능력			
찌개 그릇 선택	음식의 양, 계절성 등을 고려하여 선택하는 능력			
찌개 담기	메뉴에 따른 부재료를 담는 능력			

작업장 평가

학습내용	평가 항목	성취수준		
		상	중	하
찌개 재료 준비 및 전처리	재료의 상태에 따른 계량 능력			
	찌개 재료에 따른 전처리 능력			
찌개 육수 조리	메뉴에 적합한 육수 만드는 능력			
	육수의 사용량을 만드는 능력			
찌개 조리	찌개와 국물의 비율이 맞도록 조절하는 능력			
	색을 유지하며 끓이는 능력			
	양념을 조절하여 간을 맞추는 능력			
	익힘 정도를 적합하게 하는 능력			
	불의 세기를 조절하는 능력			
찌개 그릇 선택	찌개를 끓일 냄비를 선택하는 능력			
찌개 담기	쑥갓, 팽이버섯 등 조리 시간을 고려하여 같이 담거나 별도의 그릇에 담아 내는 능력			

학습자 완성품 사진

돼지갈비비지찌개

재료

- 흰콩 1½컵
- 물 2컵
- 돼지갈비 400g
- 무 200g · 배추김치 300g
- 새우젓 2큰술 · 식용유 약간

고기양념

- 국간장 1큰술
- 다진 파 2큰술
- 다진 마늘 1큰술
- 다진 생강 2작은술
- 참기름 2작은술
- 후춧가루 약간

양념장

- 간장 6큰술
- 설탕 1작은술
- 고춧가루 1큰술
- 다진 대파 1큰술
- 깨소금 1큰술
- 참기름 1큰술

만드는 법

재료 확인하기

1 흰콩, 돼지갈비, 무, 배추김치, 새우젓 등 확인하기

사용할 도구 선택하기

2 냄비, 프라이팬, 나무젓가락 등을 선택하여 준비한다.

재료 계량하기

3 각각의 재료 분량을 컵과 계량스푼, 저울로 계량하기

재료 준비하기

4 콩은 씻어서 하룻밤 정도 물에 담가 충분히 불려 손으로 비빈 뒤 껍질을 깐다.
5 돼지갈비는 3cm 정도로 토막내어 잔 칼집을 넣은 뒤 찬물에 담근다.
6 무는 0.5cm로 채 썬다.
7 배추김치는 속을 털어 2cm 크기로 썬다.

조리하기

8 분량의 재료를 섞어 고기양념을 만든다.
9 불린 흰콩은 물기를 체에 받치고 블렌더에 동량의 물을 넣어 곱게 간다.
10 끓는 물에 돼지갈비를 데치고, 고기양념과 물 4컵을 넣어 푹 무르게 익힌다.
11 돼지갈비가 잘 익으면 흰콩 간 것, 무, 배추김치를 넣어 맛이 어우러지도록 끓인다. 새우젓으로 간을 한다.
12 분량의 재료를 섞어 양념장을 만든다.

담아 완성하기

13 돼지갈비비지찌개 담을 그릇을 선택한다.
14 돼지갈비비지찌개를 따뜻하게 담아낸다. 양념장을 곁들인다.

학습
평가

서술형 시험

학습내용	평가 항목	성취수준		
		상	중	하
찌개 재료 준비 및 전처리	찌개의 종류별로 특징을 파악하는 능력			
	생선의 비린내를 제거하는 방법			
찌개 육수 조리	육수의 종류를 파악하는 능력			
	육수를 끓이는 과정에 일어나는 변화의 이해능력			
찌개 조리	찌개의 종류를 구분하는 능력			
	메뉴별 찌개 재료를 준비하는 능력			
찌개 그릇 선택	메뉴에 따라 그릇을 선택하는 방법			
찌개 담기	찌개를 조화롭게 담는 방법			

평가자 체크리스트

학습내용	평가 항목	성취수준		
		상	중	하
찌개 재료 준비 및 전처리	재료를 계량하는 능력			
	찌개 재료의 전처리 능력			
찌개 육수 조리	육수에 따른 재료를 준비하는 능력			
	부유물과 기름을 걷어내는 방법과 적절성			
찌개 조리	찌개의 색을 유지하는 능력			
	찌개의 양념을 조절하는 능력			
	찌개의 익힘 정도를 조절하는 능력			
	주재료와 부재료를 끓여서 국물의 양을 조절하는 능력			
찌개 그릇 선택	음식의 양, 계절성 등을 고려하여 선택하는 능력			
찌개 담기	메뉴에 따른 부재료를 담는 능력			

작업장 평가

학습내용	평가 항목	성취수준		
		상	중	하
찌개 재료 준비 및 전처리	재료의 상태에 따른 계량 능력			
	찌개 재료에 따른 전처리 능력			
찌개 육수 조리	메뉴에 적합한 육수 만드는 능력			
	육수의 사용량을 만드는 능력			
찌개 조리	찌개와 국물의 비율이 맞도록 조절하는 능력			
	색을 유지하며 끓이는 능력			
	양념을 조절하여 간을 맞추는 능력			
	익힘 정도를 적합하게 하는 능력			
	불의 세기를 조절하는 능력			
찌개 그릇 선택	찌개를 끓일 냄비를 선택하는 능력			
찌개 담기	쑥갓, 팽이버섯 등 조리 시간을 고려하여 같이 담거나 별도의 그릇에 담아 내는 능력			

학습자 완성품 사진

순두부찌개

재료

- 순두부 400g
- 바지락 100g
- 생굴 100g
- 소금 적량
- 대파 100g
- 물 2½컵
- 다시마(5×5cm) 1장

양념
- 국간장 1큰술
- 소금 1/2작은술
- 고춧가루 1½큰술
- 다진 마늘 1큰술
- 참기름 1큰술

만드는 법

재료 확인하기
1 순두부, 바지락, 생굴, 소금, 대파 등 확인하기

사용할 도구 선택하기
2 냄비, 프라이팬, 나무젓가락 등을 선택하여 준비한다.

재료 계량하기
3 각각의 재료 분량을 컵과 계량스푼, 저울로 계량하기

재료 준비하기
4 바지락은 소금물에 담가 해감을 한다.
5 생굴은 소금물에 흔들어 씻는다.
6 대파는 어슷썰기한다.
7 다시마는 젖은 면포로 닦는다.

조리하기
8 냄비에 다시마, 찬물을 넣어 끓이고 물이 끓으면 다시마를 건진다.
9 다시마 물에 바지락을 넣고 끓인다. 입을 벌리면 국물에 흔들어 씻고 육수는 면포에 거른다.
10 분량의 재료를 섞어 양념장을 만든다.
11 냄비에 육수를 담고 양념장을 넣어 끓인 뒤 순두부를 넣어 끓인다. 맛이 잘 어우러지게 끓으면 굴, 바지락, 대파를 넣어 한소끔 더 끓인다. 소금으로 간을 한다.

담아 완성하기
12 순두부찌개 담을 그릇을 선택한다.
13 순두부찌개를 따뜻하게 담아낸다.

학습 평가

| 서술형 시험

학습내용	평가 항목	성취수준		
		상	중	하
찌개 재료 준비 및 전처리	찌개의 종류별로 특징을 파악하는 능력			
	생선의 비린내를 제거하는 방법			
찌개 육수 조리	육수의 종류를 파악하는 능력			
	육수를 끓이는 과정에 일어나는 변화의 이해능력			
찌개 조리	찌개의 종류를 구분하는 능력			
	메뉴별 찌개 재료를 준비하는 능력			
찌개 그릇 선택	메뉴에 따라 그릇을 선택하는 방법			
찌개 담기	찌개를 조화롭게 담는 방법			

| 평가자 체크리스트

학습내용	평가 항목	성취수준		
		상	중	하
찌개 재료 준비 및 전처리	재료를 계량하는 능력			
	찌개 재료의 전처리 능력			
찌개 육수 조리	육수에 따른 재료를 준비하는 능력			
	부유물과 기름을 걷어내는 방법과 적절성			
찌개 조리	찌개의 색을 유지하는 능력			
	찌개의 양념을 조절하는 능력			
	찌개의 익힘 정도를 조절하는 능력			
	주재료와 부재료를 끓여서 국물의 양을 조절하는 능력			
찌개 그릇 선택	음식의 양, 계절성 등을 고려하여 선택하는 능력			
찌개 담기	메뉴에 따른 부재료를 담는 능력			

작업장 평가

학습내용	평가 항목	성취수준		
		상	중	하
찌개 재료 준비 및 전처리	재료의 상태에 따른 계량 능력			
	찌개 재료에 따른 전처리 능력			
찌개 육수 조리	메뉴에 적합한 육수 만드는 능력			
	육수의 사용량을 만드는 능력			
찌개 조리	찌개와 국물의 비율이 맞도록 조절하는 능력			
	색을 유지하며 끓이는 능력			
	양념을 조절하여 간을 맞추는 능력			
	익힘 정도를 적합하게 하는 능력			
	불의 세기를 조절하는 능력			
찌개 그릇 선택	찌개를 끓일 냄비를 선택하는 능력			
찌개 담기	쑥갓, 팽이버섯 등 조리 시간을 고려하여 같이 담거나 별도의 그릇에 담아 내는 능력			

학습자 완성품 사진

두부고추장찌개

재료

- 두부 300g
- 돼지고기 목살 200g
- 애호박 1/2개
- 양파 80g
- 풋고추 1개
- 붉은 고추 1/4개
- 대파 20g
- 소금 약간
- 후춧가루 약간 · 식용유 2큰술

육수

- 물 6컵 · 다시마 12g

양념

- 고추장 3큰술
- 간장 1/2큰술
- 고춧가루 1큰술
- 다진 마늘 1큰술
- 청주 1큰술
- 생강즙 1작은술

만드는 법

재료 확인하기
1 두부, 돼지고기 목살, 애호박, 양파, 풋고추, 붉은 고추, 대파 등 확인하기

사용할 도구 선택하기
2 냄비, 나무젓가락 등을 선택하여 준비한다.

재료 계량하기
3 각각의 재료 분량을 컵과 계량스푼, 저울로 계량하기

재료 준비하기
4 두부를 2.5cm×3cm×1cm 크기로 썬다.
5 돼지고기 목살은 한입 크기로 썬다.
6 애호박은 반달모양으로 썬다.
7 양파는 채 썬다.
8 대파와 고추는 어슷썰기한다.
9 다시마는 젖은 행주로 닦는다.

조리하기
10 분량의 재료를 섞어 양념을 만든다.
11 냄비에 다시마, 찬물을 넣어 끓이고 물이 끓으면 다시마를 건진다.
12 돼지고기에 양념 1/2을 넣고 골고루 버무려 밑간한다.
13 달군 냄비에 식용유를 두르고 돼지고기를 중불에서 볶아 익힌다.
14 돼지고기에 다시마 육수를 부어 끓인 뒤 거품을 걷어낸다. 애호박, 양파, 양념 1/2, 두부를 넣고 5분 정도 끓인다. 대파, 붉은 고추, 풋고추를 넣은 뒤 소금, 후춧가루로 간한다.

담아 완성하기
15 두부고추장찌개 담을 그릇을 선택한다.
16 두부고추장찌개를 따뜻하게 담아낸다.

학습
평가

| 서술형 시험

학습내용	평가 항목	성취수준		
		상	중	하
찌개 재료 준비 및 전처리	찌개의 종류별로 특징을 파악하는 능력			
	생선의 비린내를 제거하는 방법			
찌개 육수 조리	육수의 종류를 파악하는 능력			
	육수를 끓이는 과정에 일어나는 변화의 이해능력			
찌개 조리	찌개의 종류를 구분하는 능력			
	메뉴별 찌개 재료를 준비하는 능력			
찌개 그릇 선택	메뉴에 따라 그릇을 선택하는 방법			
찌개 담기	찌개를 조화롭게 담는 방법			

| 평가자 체크리스트

학습내용	평가 항목	성취수준		
		상	중	하
찌개 재료 준비 및 전처리	재료를 계량하는 능력			
	찌개 재료의 전처리 능력			
찌개 육수 조리	육수에 따른 재료를 준비하는 능력			
	부유물과 기름을 걷어내는 방법과 적절성			
찌개 조리	찌개의 색을 유지하는 능력			
	찌개의 양념을 조절하는 능력			
	찌개의 익힘 정도를 조절하는 능력			
	주재료와 부재료를 끓여서 국물의 양을 조절하는 능력			
찌개 그릇 선택	음식의 양, 계절성 등을 고려하여 선택하는 능력			
찌개 담기	메뉴에 따른 부재료를 담는 능력			

작업장 평가

학습내용	평가 항목	성취수준		
		상	중	하
찌개 재료 준비 및 전처리	재료의 상태에 따른 계량 능력			
	찌개 재료에 따른 전처리 능력			
찌개 육수 조리	메뉴에 적합한 육수 만드는 능력			
	육수의 사용량을 만드는 능력			
찌개 조리	찌개와 국물의 비율이 맞도록 조절하는 능력			
	색을 유지하며 끓이는 능력			
	양념을 조절하여 간을 맞추는 능력			
	익힘 정도를 적합하게 하는 능력			
	불의 세기를 조절하는 능력			
찌개 그릇 선택	찌개를 끓일 냄비를 선택하는 능력			
찌개 담기	쑥갓, 팽이버섯 등 조리 시간을 고려하여 같이 담거나 별도의 그릇에 담아 내는 능력			

학습자 완성품 사진

김치찌개

재료

- 배추김치 300g
- 돼지고기 목살 200g
- 대파 20g
- 식용유 1큰술 또는 들기름 1큰술

육수
- 물 4컵
- 다시마 10g

양념
- 간장 1/2큰술
- 다진 마늘 1큰술
- 청주 1/2큰술

만드는 법

재료 확인하기
1 배추김치, 돼지고기 목살, 대파, 식용유 등 확인하기

사용할 도구 선택하기
2 냄비, 나무젓가락 등을 선택하여 준비한다.

재료 계량하기
3 각각의 재료 분량을 컵과 계량스푼, 저울로 계량하기

재료 준비하기
4 배추김치는 속을 털어내고 3cm로 썬다.
5 돼지고기 목살은 한입 크기로 썬다.
6 대파는 어슷썰기한다.
7 다시마는 젖은 행주로 닦는다.

조리하기
8 분량의 재료를 섞어 양념을 만든다.
9 냄비에 다시마, 찬물을 넣어 끓이고 물이 끓으면 다시마를 건진다.
10 돼지고기에 양념을 넣고 골고루 버무려 밑간을 한다.
11 달군 냄비에 식용유를 두르고, 돼지고기를 중불에서 볶다가 썰어 놓은 김치를 넣고 볶는다.
12 다시마국물을 넣고 끓어오르면 약한 불로 30분 정도 끓인다.
* 기호에 따라 고춧가루를 첨가하여 볶기도 하며, 배추김치가 많이 익었을 경우 설탕을 조금 넣으면 맛이 좋아지며, 대파, 팽이버섯, 두부를 곁들여 끓여도 좋다.

밥 담아 완성하기
13 김치찌개 담을 그릇을 선택한다.
14 김치찌개를 따뜻하게 담아낸다.

| 서술형 시험

학습내용	평가 항목	성취수준		
		상	중	하
찌개 재료 준비 및 전처리	찌개의 종류별로 특징을 파악하는 능력			
	생선의 비린내를 제거하는 방법			
찌개 육수 조리	육수의 종류를 파악하는 능력			
	육수를 끓이는 과정에 일어나는 변화의 이해능력			
찌개 조리	찌개의 종류를 구분하는 능력			
	메뉴별 찌개 재료를 준비하는 능력			
찌개 그릇 선택	메뉴에 따라 그릇을 선택하는 방법			
찌개 담기	찌개를 조화롭게 담는 방법			

| 평가자 체크리스트

학습내용	평가 항목	성취수준		
		상	중	하
찌개 재료 준비 및 전처리	재료를 계량하는 능력			
	찌개 재료의 전처리 능력			
찌개 육수 조리	육수에 따른 재료를 준비하는 능력			
	부유물과 기름을 걷어내는 방법과 적절성			
찌개 조리	찌개의 색을 유지하는 능력			
	찌개의 양념을 조절하는 능력			
	찌개의 익힘 정도를 조절하는 능력			
	주재료와 부재료를 끓여서 국물의 양을 조절하는 능력			
찌개 그릇 선택	음식의 양, 계절성 등을 고려하여 선택하는 능력			
찌개 담기	메뉴에 따른 부재료를 담는 능력			

작업장 평가

학습내용	평가 항목	성취수준		
		상	중	하
찌개 재료 준비 및 전처리	재료의 상태에 따른 계량 능력			
	찌개 재료에 따른 전처리 능력			
찌개 육수 조리	메뉴에 적합한 육수 만드는 능력			
	육수의 사용량을 만드는 능력			
찌개 조리	찌개와 국물의 비율이 맞도록 조절하는 능력			
	색을 유지하며 끓이는 능력			
	양념을 조절하여 간을 맞추는 능력			
	익힘 정도를 적합하게 하는 능력			
	불의 세기를 조절하는 능력			
찌개 그릇 선택	찌개를 끓일 냄비를 선택하는 능력			
찌개 담기	쑥갓, 팽이버섯 등 조리 시간을 고려하여 같이 담거나 별도의 그릇에 담아 내는 능력			

학습자 완성품 사진

생태찌개

- 생태 1마리 · 모시조개 80g
- 오징어 1/2개
- 마른 표고버섯 1개
- 무 50g · 콩나물 20g
- 대파 40g · 미나리 30g
- 풋고추 1/2개
- 붉은 고추 1/4개
- 쑥갓 20g
- 다진 마늘 1작은술
- 물 2컵
- 고추장 1큰술
- 고춧가루 2작은술
- 간장 1작은술
- 참기름 3작은술
- 소금 약간

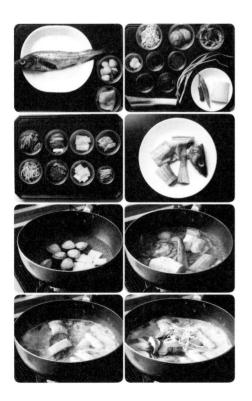

재료 확인하기

1 생태, 모시조개, 오징어, 표고버섯, 무, 콩나물, 대파, 미나리, 풋고추, 붉은 고추, 쑥갓 등 확인하기

사용할 도구 선택하기

2 냄비, 나무젓가락 등을 선택하여 준비한다.

재료 계량하기

3 각각의 재료 분량을 컵과 계량스푼, 저울로 계량하기

재료 준비하기

4 생태는 지느러미를 자르고, 비늘을 긁어낸다. 내장을 손질하고 깨끗이 씻어 길이 4cm~5cm로 자른다.
5 모시조개는 소금물에 담가 해감을 한다.
6 오징어는 껍질을 벗기고 칼집을 넣어 4cm×2cm 크기로 썬다.
7 마른 표고는 미지근한 물에 담갔다가 채를 썬다.
8 무는 껍질을 벗기고 4cm×1.5cm×0.5cm 크기로 썬다.
9 콩나물은 깨끗이 씻어둔다.
10 대파는 어슷썰기한다.
11 미나리는 잎을 제거하고 씻어 5cm 길이로 썬다.
12 풋고추, 붉은 고추는 어슷썰기하여 씨를 제거한다.
13 쑥갓은 손질하여 씻어 5cm 정도로 썬다.

조리하기

14 냄비에 물 2컵에 바지락을 넣고 끓인다. 입을 벌리면 국물에 흔들어 씻고 육수는 면포에 거른다.
15 냄비에 육수를 붓고 고추장, 고춧가루, 간장을 넣어 센 불에 끓인다. 무를 넣고 중불로 끓인다.
16 생태를 넣어 끓여 익으면, 오징어, 표고버섯, 콩나물, 풋고추, 붉은 고추, 대파, 모시조개를 넣고 끓으면 소금으로 간을 한다. 참기름, 미나리, 쑥갓을 넣고 불을 끈다.

담아 완성하기

17 생태찌개 담을 그릇을 선택한다.
18 생태찌개를 따뜻하게 담아낸다.

서술형 시험

학습내용	평가 항목	성취수준		
		상	중	하
찌개 재료 준비 및 전처리	찌개의 종류별로 특징을 파악하는 능력			
	생선의 비린내를 제거하는 방법			
찌개 육수 조리	육수의 종류를 파악하는 능력			
	육수를 끓이는 과정에 일어나는 변화의 이해능력			
찌개 조리	찌개의 종류를 구분하는 능력			
	메뉴별 찌개 재료를 준비하는 능력			
찌개 그릇 선택	메뉴에 따라 그릇을 선택하는 방법			
찌개 담기	찌개를 조화롭게 담는 방법			

평가자 체크리스트

학습내용	평가 항목	성취수준		
		상	중	하
찌개 재료 준비 및 전처리	재료를 계량하는 능력			
	찌개 재료의 전처리 능력			
찌개 육수 조리	육수에 따른 재료를 준비하는 능력			
	부유물과 기름을 걷어내는 방법과 적절성			
찌개 조리	찌개의 색을 유지하는 능력			
	찌개의 양념을 조절하는 능력			
	찌개의 익힘 정도를 조절하는 능력			
	주재료와 부재료를 끓여서 국물의 양을 조절하는 능력			
찌개 그릇 선택	음식의 양, 계절성 등을 고려하여 선택하는 능력			
찌개 담기	메뉴에 따른 부재료를 담는 능력			

작업장 평가

학습내용	평가 항목	성취수준		
		상	중	하
찌개 재료 준비 및 전처리	재료의 상태에 따른 계량 능력			
	찌개 재료에 따른 전처리 능력			
찌개 육수 조리	메뉴에 적합한 육수 만드는 능력			
	육수의 사용량을 만드는 능력			
찌개 조리	찌개와 국물의 비율이 맞도록 조절하는 능력			
	색을 유지하며 끓이는 능력			
	양념을 조절하여 간을 맞추는 능력			
	익힘 정도를 적합하게 하는 능력			
	불의 세기를 조절하는 능력			
찌개 그릇 선택	찌개를 끓일 냄비를 선택하는 능력			
찌개 담기	쑥갓, 팽이버섯 등 조리 시간을 고려하여 같이 담거나 별도의 그릇에 담아 내는 능력			

학습자 완성품 사진

민어찌개

재료

- 민어 1마리(400g)
- 소금 1작은술
- 소고기 100g
- 물 8컵
- 애호박 1/2개
- 미나리 30g
- 대파 100g
- 풋고추 2개
- 붉은 고추 1/2개
- 국간장 적량

고기양념

- 국간장 2작은술
- 다진 대파 1큰술
- 다진 마늘 1/2큰술
- 참기름 2작은술
- 후춧가루 약간

양념

- 고춧가루 1큰술
- 다진 마늘 2작은술
- 생강즙 1작은술
- 참기름 1큰술

만드는 법

재료 확인하기

1 민어, 소고기, 애호박, 미나리, 대파, 풋고추, 붉은 고추 등 확인하기

사용할 도구 선택하기

2 냄비, 나무젓가락 등을 선택하여 준비한다.

재료 계량하기

3 각각의 재료 분량을 컵과 계량스푼, 저울로 계량하기

재료 준비하기

4 민어는 지느러미를 제거하고 비늘을 긁고 내장을 제거한다.
5 소고기는 편으로 썬다.
6 애호박은 1cm 두께의 반달모양으로 썬다.
7 미나리는 잎을 제거하고 깨끗이 씻어 5cm로 썬다.
8 풋고추, 붉은 고추는 어슷썰기하여 씨를 제거한다.
9 대파는 어슷썰기한다.

조리하기

10 분량의 재료를 섞어 고기양념을 만든다.
11 분량의 재료를 섞어 양념을 만든다.
12 소고기는 고기양념에 버무린다.
13 양념한 소고기는 냄비에 볶아 물을 넣고 끓인다. 양념을 넣는다. 민
　어를 넣어 끓이고, 애호박, 대파, 풋고추, 붉은 고추를 넣어 끓인다.
14 미나리를 넣고 끓인다. 국간장으로 간을 맞추고, 맛이 잘 어울리도
　록 끓인다.

담아 완성하기

15 민어찌개 담을 그릇을 선택한다.
16 민어찌개를 따뜻하게 담아낸다.

학습 평가

| 서술형 시험

학습내용	평가 항목	성취수준		
		상	중	하
찌개 재료 준비 및 전처리	찌개의 종류별로 특징을 파악하는 능력			
	생선의 비린내를 제거하는 방법			
찌개 육수 조리	육수의 종류를 파악하는 능력			
	육수를 끓이는 과정에 일어나는 변화의 이해능력			
찌개 조리	찌개의 종류를 구분하는 능력			
	메뉴별 찌개 재료를 준비하는 능력			
찌개 그릇 선택	메뉴에 따라 그릇을 선택하는 방법			
찌개 담기	찌개를 조화롭게 담는 방법			

| 평가자 체크리스트

학습내용	평가 항목	성취수준		
		상	중	하
찌개 재료 준비 및 전처리	재료를 계량하는 능력			
	찌개 재료의 전처리 능력			
찌개 육수 조리	육수에 따른 재료를 준비하는 능력			
	부유물과 기름을 걷어내는 방법과 적절성			
찌개 조리	찌개의 색을 유지하는 능력			
	찌개의 양념을 조절하는 능력			
	찌개의 익힘 정도를 조절하는 능력			
	주재료와 부재료를 끓여서 국물의 양을 조절하는 능력			
찌개 그릇 선택	음식의 양, 계절성 등을 고려하여 선택하는 능력			
찌개 담기	메뉴에 따른 부재료를 담는 능력			

작업장 평가

학습내용	평가 항목	성취수준		
		상	중	하
찌개 재료 준비 및 전처리	재료의 상태에 따른 계량 능력			
	찌개 재료에 따른 전처리 능력			
찌개 육수 조리	메뉴에 적합한 육수 만드는 능력			
	육수의 사용량을 만드는 능력			
찌개 조리	찌개와 국물의 비율이 맞도록 조절하는 능력			
	색을 유지하며 끓이는 능력			
	양념을 조절하여 간을 맞추는 능력			
	익힘 정도를 적합하게 하는 능력			
	불의 세기를 조절하는 능력			
찌개 그릇 선택	찌개를 끓일 냄비를 선택하는 능력			
찌개 담기	쑥갓, 팽이버섯 등 조리 시간을 고려하여 같이 담거나 별도의 그릇에 담아 내는 능력			

학습자 완성품 사진

굴비찌개

재료

- 굴비 2마리
- 미나리 70g
- 무 80g
- 쪽파 30g
- 쑥갓 30
- 풋고추 1개
- 붉은 고추 1/2개
- 후춧가루 1/5작은술
- 다진 마늘 1작은술
- 고춧가루 2큰술
- 고추장 1큰술
- 간장 1큰술
- 참기름 1작은술
- 물 2c

양념
- 고추장 1큰술
- 고춧가루 2큰술
- 액젓 1/2큰술
- 국간장 1/4작은술
- 소금 1/2작은술
- 생강즙 1작은술
- 후춧가루 1/8작은술

만드는 법

재료 확인하기
1 굴비, 삶은 고사리, 무, 청양고추, 대파, 다진 마늘 등 확인하기

사용할 도구 선택하기
2 냄비, 나무젓가락 등을 선택하여 준비한다.

재료 계량하기
3 각각의 재료 분량을 컵과 계량스푼, 저울로 계량하기

재료 준비하기
4 굴비는 지느러미를 제거하고 비늘을 제거한 뒤 3~4토막으로 자른다.
5 미나리는 잎을 다듬어 5cm 길이로 썬다.
6 무는 4cm×3cm×1cm 크기로 썬다.
7 고추는 씨를 제거하고 3cm×0.4cm 크기로 채를 썬다.
8 쪽파는 다듬어 씻어 5cm 길이로 썬다.
9 쑥갓은 손질하여 5cm 길이로 썬다.

조리하기
10 분량의 재료를 섞어 양념을 만든다.
11 냄비에 양념을 풀고 준비된 재료를 넣어 끓인다.

담아 완성하기
12 굴비찌개 담을 그릇을 선택한다.
13 굴비찌개를 따뜻하게 담아낸다.

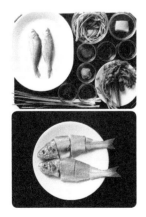

학습 평가

| 서술형 시험

학습내용	평가 항목	성취수준		
		상	중	하
찌개 재료 준비 및 전처리	찌개의 종류별로 특징을 파악하는 능력			
	생선의 비린내를 제거하는 방법			
찌개 육수 조리	육수의 종류를 파악하는 능력			
	육수를 끓이는 과정에 일어나는 변화의 이해능력			
찌개 조리	찌개의 종류를 구분하는 능력			
	메뉴별 찌개 재료를 준비하는 능력			
찌개 그릇 선택	메뉴에 따라 그릇을 선택하는 방법			
찌개 담기	찌개를 조화롭게 담는 방법			

| 평가자 체크리스트

학습내용	평가 항목	성취수준		
		상	중	하
찌개 재료 준비 및 전처리	재료를 계량하는 능력			
	찌개 재료의 전처리 능력			
찌개 육수 조리	육수에 따른 재료를 준비하는 능력			
	부유물과 기름을 걷어내는 방법과 적절성			
찌개 조리	찌개의 색을 유지하는 능력			
	찌개의 양념을 조절하는 능력			
	찌개의 익힘 정도를 조절하는 능력			
	주재료와 부재료를 끓여서 국물의 양을 조절하는 능력			
찌개 그릇 선택	음식의 양, 계절성 등을 고려하여 선택하는 능력			
찌개 담기	메뉴에 따른 부재료를 담는 능력			

작업장 평가

학습내용	평가 항목	성취수준		
		상	중	하
찌개 재료 준비 및 전처리	재료의 상태에 따른 계량 능력			
	찌개 재료에 따른 전처리 능력			
찌개 육수 조리	메뉴에 적합한 육수 만드는 능력			
	육수의 사용량을 만드는 능력			
찌개 조리	찌개와 국물의 비율이 맞도록 조절하는 능력			
	색을 유지하며 끓이는 능력			
	양념을 조절하여 간을 맞추는 능력			
	익힘 정도를 적합하게 하는 능력			
	불의 세기를 조절하는 능력			
찌개 그릇 선택	찌개를 끓일 냄비를 선택하는 능력			
찌개 담기	쑥갓, 팽이버섯 등 조리 시간을 고려하여 같이 담거나 별도의 그릇에 담아 내는 능력			

학습자 완성품 사진

도미찌개

- 도미 1마리(500g)
- 무 100g
- 풋고추 1개
- 붉은 고추 1/2개
- 대파 20g
- 쑥갓 40g
- 물 3컵
- 고추장 2큰술

양념
- 고춧가루 1/2큰술
- 다진 마늘 1/2큰술
- 생강즙 1/2작은술
- 소금 1작은술

만드는 법

재료 확인하기
1 도미, 무, 풋고추, 붉은 고추, 대파, 쑥갓 등 확인하기

사용할 도구 선택하기
2 냄비, 나무젓가락 등을 선택하여 준비한다.

재료 계량하기
3 각각의 재료 분량을 컵과 계량스푼, 저울로 계량하기

재료 준비하기
4 도미는 지느러미를 제거하고 비늘을 긁는다. 내장을 제거하고 깨끗이 씻어 3~4등분한다.
5 무는 2.5cm×3cm×0.7cm 정도로 썬다.
6 풋고추·붉은 고추는 어슷썰기하여 씨를 제거한다.
7 대파는 어슷썰기한다.
8 쑥갓은 손질하여 씻어 5cm 정도로 썬다.

조리하기
9 분량의 재료를 섞어 양념을 만든다.
10 냄비에 물을 붓고 고추장을 풀어 센 불에 끓인다. 양념을 풀고 무를 넣어 중불로 끓인다.
11 도미를 넣어 끓인다. 풋고추, 붉은 고추, 대파를 넣고 한소끔 끓으면 쑥갓을 넣고 불을 끈다.

담아 완성하기
12 도미찌개 담을 그릇을 선택한다.
13 도미찌개를 따뜻하게 담아낸다.

학습 평가

| 서술형 시험

학습내용	평가 항목	성취수준		
		상	중	하
찌개 재료 준비 및 전처리	찌개의 종류별로 특징을 파악하는 능력			
	생선의 비린내를 제거하는 방법			
찌개 육수 조리	육수의 종류를 파악하는 능력			
	육수를 끓이는 과정에 일어나는 변화의 이해능력			
찌개 조리	찌개의 종류를 구분하는 능력			
	메뉴별 찌개 재료를 준비하는 능력			
찌개 그릇 선택	메뉴에 따라 그릇을 선택하는 방법			
찌개 담기	찌개를 조화롭게 담는 방법			

| 평가자 체크리스트

학습내용	평가 항목	성취수준		
		상	중	하
찌개 재료 준비 및 전처리	재료를 계량하는 능력			
	찌개 재료의 전처리 능력			
찌개 육수 조리	육수에 따른 재료를 준비하는 능력			
	부유물과 기름을 걷어내는 방법과 적절성			
찌개 조리	찌개의 색을 유지하는 능력			
	찌개의 양념을 조절하는 능력			
	찌개의 익힘 정도를 조절하는 능력			
	주재료와 부재료를 끓여서 국물의 양을 조절하는 능력			
찌개 그릇 선택	음식의 양, 계절성 등을 고려하여 선택하는 능력			
찌개 담기	메뉴에 따른 부재료를 담는 능력			

작업장 평가

학습내용	평가 항목	성취수준		
		상	중	하
찌개 재료 준비 및 전처리	재료의 상태에 따른 계량 능력			
	찌개 재료에 따른 전처리 능력			
찌개 육수 조리	메뉴에 적합한 육수 만드는 능력			
	육수의 사용량을 만드는 능력			
찌개 조리	찌개와 국물의 비율이 맞도록 조절하는 능력			
	색을 유지하며 끓이는 능력			
	양념을 조절하여 간을 맞추는 능력			
	익힘 정도를 적합하게 하는 능력			
	불의 세기를 조절하는 능력			
찌개 그릇 선택	찌개를 끓일 냄비를 선택하는 능력			
찌개 담기	쑥갓, 팽이버섯 등 조리 시간을 고려하여 같이 담거나 별도의 그릇에 담아 내는 능력			

학습자 완성품 사진

북어찌개

재료

- 북어 2마리
- 무 100g
- 양파 50g
- 풋고추 1개
- 붉은 고추 1/2개
- 대파 20g
- 물 3컵

양념

- 고춧가루 1큰술
- 국간장 2큰술
- 설탕 1/2큰술
- 다진 마늘 1/2큰술
- 생강즙 1/2작은술
- 소금 1작은술

만드는 법

재료 확인하기

1 북어, 무, 양파, 풋고추, 붉은 고추, 대파 등 확인하기

사용할 도구 선택하기

2 냄비, 나무젓가락 등을 선택하여 준비한다.

재료 계량하기

3 각각의 재료 분량을 컵과 계량스푼, 저울로 계량하기

재료 준비하기

4 북어는 흐르는 물에 살짝 불려 지느러미를 제거하고 가시를 제거한 뒤 5~6cm로 자른다.
5 무는 2.5cm×3cm×0.7cm 정도로 썬다.
6 양파는 1cm 두께로 채 썬다.
7 풋고추·붉은 고추는 어슷썰기하여 씨를 제거한다.
8 대파는 어슷썰기한다.

조리하기

9 분량의 재료를 섞어 양념을 만든다.
10 냄비에 물, 양념을 붓고 끓인다. 무를 넣어 중불로 끓인다.
11 북어, 양파, 풋고추, 붉은 고추, 대파를 넣고 맛이 어우러지도록 끓인다.

담아 완성하기

12 북어찌개 담을 그릇을 선택한다.
13 북어찌개를 따뜻하게 담아낸다.

서술형 시험

학습내용	평가 항목	성취수준		
		상	중	하
찌개 재료 준비 및 전처리	찌개의 종류별로 특징을 파악하는 능력			
	생선의 비린내를 제거하는 방법			
찌개 육수 조리	육수의 종류를 파악하는 능력			
	육수를 끓이는 과정에 일어나는 변화의 이해능력			
찌개 조리	찌개의 종류를 구분하는 능력			
	메뉴별 찌개 재료를 준비하는 능력			
찌개 그릇 선택	메뉴에 따라 그릇을 선택하는 방법			
찌개 담기	찌개를 조화롭게 담는 방법			

평가자 체크리스트

학습내용	평가 항목	성취수준		
		상	중	하
찌개 재료 준비 및 전처리	재료를 계량하는 능력			
	찌개 재료의 전처리 능력			
찌개 육수 조리	육수에 따른 재료를 준비하는 능력			
	부유물과 기름을 걷어내는 방법과 적절성			
찌개 조리	찌개의 색을 유지하는 능력			
	찌개의 양념을 조절하는 능력			
	찌개의 익힘 정도를 조절하는 능력			
	주재료와 부재료를 끓여서 국물의 양을 조절하는 능력			
찌개 그릇 선택	음식의 양, 계절성 등을 고려하여 선택하는 능력			
찌개 담기	메뉴에 따른 부재료를 담는 능력			

작업장 평가

학습내용	평가 항목	성취수준		
		상	중	하
찌개 재료 준비 및 전처리	재료의 상태에 따른 계량 능력			
	찌개 재료에 따른 전처리 능력			
찌개 육수 조리	메뉴에 적합한 육수 만드는 능력			
	육수의 사용량을 만드는 능력			
찌개 조리	찌개와 국물의 비율이 맞도록 조절하는 능력			
	색을 유지하며 끓이는 능력			
	양념을 조절하여 간을 맞추는 능력			
	익힘 정도를 적합하게 하는 능력			
	불의 세기를 조절하는 능력			
찌개 그릇 선택	찌개를 끓일 냄비를 선택하는 능력			
찌개 담기	쑥갓, 팽이버섯 등 조리 시간을 고려하여 같이 담거나 별도의 그릇에 담아 내는 능력			

학습자 완성품 사진

해물찌개

재료

- 조개 10개
- 물 3컵
- 새우(중하) 5마리
- 오징어 1마리
- 애호박 50g
- 무 100g
- 청양고추 1개
- 대파 50g
- 미나리 20g
- 소금 약간

양념장

- 고춧가루 2큰술
- 국간장 1큰술
- 고추장 1/2큰술
- 액젓 1큰술
- 다진 마늘 1큰술
- 생강즙 1작은술
- 소금 1/2작은술
- 후춧가루 약간

만드는 법

재료 확인하기
1 조개, 새우, 오징어, 애호박, 무, 청양고추, 대파 등 확인하기

사용할 도구 선택하기
2 냄비, 프라이팬, 나무젓가락 등을 선택하여 준비한다.

재료 계량하기
3 각각의 재료 분량을 컵과 계량스푼, 저울로 계량하기

재료 준비하기
4 조개는 깨끗이 씻어 소금물에 담가 해감을 한다.
5 새우는 내장을 제거하고 깨끗이 씻는다.
6 오징어는 껍질을 제거하고 칼집을 넣어 4cm×2cm 크기로 썬다.
7 애호박은 0.7cm 두께의 반달로 썬다.
8 무는 2.5cm×3cm×0.7cm 정도로 썬다.
9 청양고추는 어슷썰기하여 씨를 제거한다.
10 대파는 어슷썰기한다.
11 미나리는 잎을 제거하고 깨끗이 씻어 5cm로 썬다.

조리하기
12 분량의 재료를 섞어 양념장을 만든다.
13 냄비에 물 3컵과 조개를 넣고 끓인다. 조개가 입을 벌리면 국물에
   흔들어 씻고 육수는 면포에 거른다.
14 냄비에 육수, 양념, 무를 넣어 끓인다. 육수가 끓으면 거품을 걷어
   낸 뒤 새우, 오징어, 애호박, 청양고추, 대파를 넣고 끓인다.
15 미나리를 얹고 한소끔 더 끓인다.

담아 완성하기
16 해물찌개 담을 그릇을 선택한다.
17 해물찌개를 따뜻하게 담아낸다.

서술형 시험

학습내용	평가 항목	성취수준		
		상	중	하
찌개 재료 준비 및 전처리	찌개의 종류별로 특징을 파악하는 능력			
	생선의 비린내를 제거하는 방법			
찌개 육수 조리	육수의 종류를 파악하는 능력			
	육수를 끓이는 과정에 일어나는 변화의 이해능력			
찌개 조리	찌개의 종류를 구분하는 능력			
	메뉴별 찌개 재료를 준비하는 능력			
찌개 그릇 선택	메뉴에 따라 그릇을 선택하는 방법			
찌개 담기	찌개를 조화롭게 담는 방법			

평가자 체크리스트

학습내용	평가 항목	성취수준		
		상	중	하
찌개 재료 준비 및 전처리	재료를 계량하는 능력			
	찌개 재료의 전처리 능력			
찌개 육수 조리	육수에 따른 재료를 준비하는 능력			
	부유물과 기름을 걷어내는 방법과 적절성			
찌개 조리	찌개의 색을 유지하는 능력			
	찌개의 양념을 조절하는 능력			
	찌개의 익힘 정도를 조절하는 능력			
	주재료와 부재료를 끓여서 국물의 양을 조절하는 능력			
찌개 그릇 선택	음식의 양, 계절성 등을 고려하여 선택하는 능력			
찌개 담기	메뉴에 따른 부재료를 담는 능력			

작업장 평가

학습내용	평가 항목	성취수준		
		상	중	하
찌개 재료 준비 및 전처리	재료의 상태에 따른 계량 능력			
	찌개 재료에 따른 전처리 능력			
찌개 육수 조리	메뉴에 적합한 육수 만드는 능력			
	육수의 사용량을 만드는 능력			
찌개 조리	찌개와 국물의 비율이 맞도록 조절하는 능력			
	색을 유지하며 끓이는 능력			
	양념을 조절하여 간을 맞추는 능력			
	익힘 정도를 적합하게 하는 능력			
	불의 세기를 조절하는 능력			
찌개 그릇 선택	찌개를 끓일 냄비를 선택하는 능력			
찌개 담기	쑥갓, 팽이버섯 등 조리 시간을 고려하여 같이 담거나 별도의 그릇에 담아 내는 능력			

학습자 완성품 사진

꽃게찌개

재료

- 꽃게 2마리
- 무 200g
- 풋고추 1개
- 붉은 고추 1/2개
- 대파 20g
- 미나리 50g
- 쑥갓 50g
- 물 3컵

양념
- 된장 1큰술
- 고추장 1큰술
- 고춧가루 1큰술
- 다진 대파 1큰술
- 다진 마늘 1큰술
- 생강즙 1작은술
- 소금 1작은술
- 후춧가루 약간

만드는 법

재료 확인하기
1 꽃게, 무, 풋고추, 붉은 고추, 대파, 미나리, 쑥갓 등 확인하기

사용할 도구 선택하기
2 냄비, 나무젓가락 등을 선택하여 준비한다.

재료 계량하기
3 각각의 재료 분량을 컵과 계량스푼, 저울로 계량하기

재료 준비하기
4 게는 솔로 문질러 깨끗이 씻은 뒤 다리 끝부분을 잘라낸다. 꽃게의 등딱지를 분리한다. 아가미와 모래주머니를 떼어내고 4~6등분한다.
5 무는 2.5cm×3cm×0.7cm 정도로 썬다.
6 풋고추, 붉은 고추는 어슷썰기하여 씨를 제거한다.
7 대파는 어슷썰기한다.
8 미나리는 잎을 제거하고 깨끗이 씻어 5cm로 썬다.
9 쑥갓은 손질하여 씻어 5cm 정도로 썬다.

조리하기
10 분량의 재료를 섞어 양념을 만든다.
11 냄비에 물, 양념, 무를 넣어 센 불에서 끓인다. 무가 익으면 꽃게, 풋고추, 붉은 고추, 대파, 미나리를 넣어 끓인다.
12 불을 끄고 쑥갓을 얹는다.

담아 완성하기
13 꽃게찌개 담을 그릇을 선택한다.
14 꽃게찌개를 따뜻하게 담아낸다.

학습
평가

서술형 시험

학습내용	평가 항목	성취수준		
		상	중	하
찌개 재료 준비 및 전처리	찌개의 종류별로 특징을 파악하는 능력			
	생선의 비린내를 제거하는 방법			
찌개 육수 조리	육수의 종류를 파악하는 능력			
	육수를 끓이는 과정에 일어나는 변화의 이해능력			
찌개 조리	찌개의 종류를 구분하는 능력			
	메뉴별 찌개 재료를 준비하는 능력			
찌개 그릇 선택	메뉴에 따라 그릇을 선택하는 방법			
찌개 담기	찌개를 조화롭게 담는 방법			

평가자 체크리스트

학습내용	평가 항목	성취수준		
		상	중	하
찌개 재료 준비 및 전처리	재료를 계량하는 능력			
	찌개 재료의 전처리 능력			
찌개 육수 조리	육수에 따른 재료를 준비하는 능력			
	부유물과 기름을 건어내는 방법과 적절성			
찌개 조리	찌개의 색을 유지하는 능력			
	찌개의 양념을 조절하는 능력			
	찌개의 익힘 정도를 조절하는 능력			
	주재료와 부재료를 끓여서 국물의 양을 조절하는 능력			
찌개 그릇 선택	음식의 양, 계절성 등을 고려하여 선택하는 능력			
찌개 담기	메뉴에 따른 부재료를 담는 능력			

작업장 평가

학습내용	평가 항목	성취수준		
		상	중	하
찌개 재료 준비 및 전처리	재료의 상태에 따른 계량 능력			
	찌개 재료에 따른 전처리 능력			
찌개 육수 조리	메뉴에 적합한 육수 만드는 능력			
	육수의 사용량을 만드는 능력			
찌개 조리	찌개와 국물의 비율이 맞도록 조절하는 능력			
	색을 유지하며 끓이는 능력			
	양념을 조절하여 간을 맞추는 능력			
	익힘 정도를 적합하게 하는 능력			
	불의 세기를 조절하는 능력			
찌개 그릇 선택	찌개를 끓일 냄비를 선택하는 능력			
찌개 담기	쑥갓, 팽이버섯 등 조리 시간을 고려하여 같이 담거나 별도의 그릇에 담아 내는 능력			

학습자 완성품 사진

오징어찌개

- 오징어 1마리
- 무 80g
- 두부 50g
- 풋고추 1/2개
- 붉은 고추 1/4개
- 실파 10g
- 물 2½컵
- 고추장 1큰술
- 소금 적당량

양념
- 국간장 1/3작은술
- 고춧가루 1/2큰술
- 다진 대파 1큰술
- 다진 마늘 1/2큰술
- 생강즙 1작은술
- 소금 1/5작은술

재료 확인하기
1 오징어, 무, 두부, 풋고추, 붉은 고추, 실파, 고추장 등 확인하기

사용할 도구 선택하기
2 냄비, 나무젓가락 등을 선택하여 준비한다.

재료 계량하기
3 냄비, 나무젓가락 등을 선택하여 준비한다.

재료 준비하기
4 오징어는 내장, 눈, 입을 제거한다. 소금을 묻혀 껍질을 벗겨 사선으로 잔 칼집을 낸다. 칼집 낸 오징어는 4cm×2cm, 다리는 4cm 길이로 썬다.
5 무는 껍질을 벗기고 2.5cm×3cm×0.7cm 크기로 썬다.
6 두부는 2.5cm×3cm×0.7cm 크기로 썬다.
7 풋고추, 붉은 고추는 어슷썰기하여 씨를 제거한다.
8 실파는 3m 길이로 썬다.

조리하기
9 분량의 재료를 섞어 양념을 만든다.
10 냄비에 물, 고추장, 양념, 무를 넣어 센 불에서 끓인다. 무가 익으면 오징어, 두부, 풋고추, 붉은 고추, 실파를 넣어 끓인다.

담아 완성하기
11 오징어찌개 담을 그릇을 선택한다.
12 오징어찌개를 따뜻하게 담아낸다.

학습
평가

서술형 시험

학습내용	평가 항목	성취수준		
		상	중	하
찌개 재료 준비 및 전처리	찌개의 종류별로 특징을 파악하는 능력			
	생선의 비린내를 제거하는 방법			
찌개 육수 조리	육수의 종류를 파악하는 능력			
	육수를 끓이는 과정에 일어나는 변화의 이해능력			
찌개 조리	찌개의 종류를 구분하는 능력			
	메뉴별 찌개 재료를 준비하는 능력			
찌개 그릇 선택	메뉴에 따라 그릇을 선택하는 방법			
찌개 담기	찌개를 조화롭게 담는 방법			

평가자 체크리스트

학습내용	평가 항목	성취수준		
		상	중	하
찌개 재료 준비 및 전처리	재료를 계량하는 능력			
	찌개 재료의 전처리 능력			
찌개 육수 조리	육수에 따른 재료를 준비하는 능력			
	부유물과 기름을 걷어내는 방법과 적절성			
찌개 조리	찌개의 색을 유지하는 능력			
	찌개의 양념을 조절하는 능력			
	찌개의 익힘 정도를 조절하는 능력			
	주재료와 부재료를 끓여서 국물의 양을 조절하는 능력			
찌개 그릇 선택	음식의 양, 계절성 등을 고려하여 선택하는 능력			
찌개 담기	메뉴에 따른 부재료를 담는 능력			

작업장 평가

학습내용	평가 항목	성취수준		
		상	중	하
찌개 재료 준비 및 전처리	재료의 상태에 따른 계량 능력			
	찌개 재료에 따른 전처리 능력			
찌개 육수 조리	메뉴에 적합한 육수 만드는 능력			
	육수의 사용량을 만드는 능력			
찌개 조리	찌개와 국물의 비율이 맞도록 조절하는 능력			
	색을 유지하며 끓이는 능력			
	양념을 조절하여 간을 맞추는 능력			
	익힘 정도를 적합하게 하는 능력			
	불의 세기를 조절하는 능력			
찌개 그릇 선택	찌개를 끓일 냄비를 선택하는 능력			
찌개 담기	쑥갓, 팽이버섯 등 조리 시간을 고려하여 같이 담거나 별도의 그릇에 담아 내는 능력			

학습자 완성품 사진

아귀찌개

재료

- 아귀 400g
- 미더덕 100g
- 조개 200g
- 콩나물 200g
- 미나리 100g
- 대파 100g
- 풋고추 1개
- 붉은 고추 1개
- 깻잎 5장
- 된장 1작은술
- 고추장 2큰술
- 고춧가루 1큰술
- 다진 마늘 1큰술
- 들깻가루 1큰술
- 소금 적당량
- 물 4컵

만드는 법

재료 확인하기

1 아귀, 미더덕, 조개, 콩나물, 미나리, 대파, 풋고추, 붉은 고추, 깻잎 등 확인하기

사용할 도구 선택하기

2 냄비, 프라이팬, 나무젓가락 등을 선택하여 준비한다.

재료 계량하기

3 각각의 재료 분량을 컵과 계량스푼, 저울로 계량하기

재료 준비하기

4 아귀는 내장을 손질하고 5cm×4cm 크기로 토막을 내어 놓는다.
5 미더덕은 씻어 손질하고, 조개는 깨끗이 씻어 소금물에 담가 해감을 한다.
6 콩나물을 깨끗이 씻는다.
7 미나리는 잎을 제거하고 5cm 길이로 썬다.
8 대파는 반으로 갈라 5cm 길이로 썬다.
9 풋고추, 붉은 고추는 어슷썰기하고, 씨를 제거한다.
10 깻잎은 6등분으로 썬다.

조리하기

11 아귀는 끓는 물에 데친다.
12 냄비에 데친 아귀, 미더덕, 된장, 고추장, 고춧가루, 다진 마늘을 넣어 끓인다. 콩나물, 미나리, 대파, 풋고추, 붉은 고추를 넣어 끓인다.
13 소금으로 간을 하고 들깻가루, 깻잎을 넣어 한소끔 더 끓인다.

담아 완성하기

14 아귀찌개 담을 그릇을 선택한다.
15 아귀찌개를 따뜻하게 담아낸다.

학습 평가

▎서술형 시험

학습내용	평가 항목	성취수준 상	성취수준 중	성취수준 하
찌개 재료 준비 및 전처리	찌개의 종류별로 특징을 파악하는 능력			
	생선의 비린내를 제거하는 방법			
찌개 육수 조리	육수의 종류를 파악하는 능력			
	육수를 끓이는 과정에 일어나는 변화의 이해능력			
찌개 조리	찌개의 종류를 구분하는 능력			
	메뉴별 찌개 재료를 준비하는 능력			
찌개 그릇 선택	메뉴에 따라 그릇을 선택하는 방법			
찌개 담기	찌개를 조화롭게 담는 방법			

▎평가자 체크리스트

학습내용	평가 항목	성취수준 상	성취수준 중	성취수준 하
찌개 재료 준비 및 전처리	재료를 계량하는 능력			
	찌개 재료의 전처리 능력			
찌개 육수 조리	육수에 따른 재료를 준비하는 능력			
	부유물과 기름을 걷어내는 방법과 적절성			
찌개 조리	찌개의 색을 유지하는 능력			
	찌개의 양념을 조절하는 능력			
	찌개의 익힘 정도를 조절하는 능력			
	주재료와 부재료를 끓여서 국물의 양을 조절하는 능력			
찌개 그릇 선택	음식의 양, 계절성 등을 고려하여 선택하는 능력			
찌개 담기	메뉴에 따른 부재료를 담는 능력			

작업장 평가

학습내용	평가 항목	성취수준		
		상	중	하
찌개 재료 준비 및 전처리	재료의 상태에 따른 계량 능력			
	찌개 재료에 따른 전처리 능력			
찌개 육수 조리	메뉴에 적합한 육수 만드는 능력			
	육수의 사용량을 만드는 능력			
찌개 조리	찌개와 국물의 비율이 맞도록 조절하는 능력			
	색을 유지하며 끓이는 능력			
	양념을 조절하여 간을 맞추는 능력			
	익힘 정도를 적합하게 하는 능력			
	불의 세기를 조절하는 능력			
찌개 그릇 선택	찌개를 끓일 냄비를 선택하는 능력			
찌개 담기	쑥갓, 팽이버섯 등 조리 시간을 고려하여 같이 담거나 별도의 그릇에 담아 내는 능력			

학습자 완성품 사진

게감정

재료

- 꽃게 2마리
- 물 4컵
- 생강 10g
- 청주 1큰술
- 고추장 4큰술
- 된장 1큰술
- 다진 소고기 50g
- 두부 50g
- 숙주 70g
- 무 150g
- 대파 50g
- 다진 마늘 1작은술
- 밀가루 30g
- 달걀 1개
- 식용유 2큰술
- 소금 약간

양념

- 소금 2/3작은술
- 다진 파 2작은술
- 다진 마늘 1작은술
- 참기름 1작은술
- 후춧가루 1/8작은술

만드는 법

재료 확인하기
1 꽃게, 생강, 청주, 고추장, 된장, 소고기, 두부, 숙주, 무, 대파 등 확인하기

사용할 도구 선택하기
2 냄비, 프라이팬, 나무젓가락 등을 선택하여 준비한다.

재료 계량하기
3 각각의 재료 분량을 컵과 계량스푼, 저울로 계량하기

재료 준비하기
4 꽃게는 깨끗이 씻어 딱지를 떼고 안의 것을 긁어모은다. 꽃게 몸통을 잘라서 살을 발라내고 다리는 뚝뚝 끊는다.
5 다진 소고기는 핏물을 제거한다.
6 두부는 물기를 제거하고 으깬다.
7 생강은 편으로 썬다.
8 무는 껍질을 벗기고 3cm×3.5cm×0.8cm 크기로 썬다.
9 대파는 어슷썰기한다.
10 숙주는 깨끗이 씻는다.

조리하기
11 분량의 재료를 섞어 양념을 만든다.
12 끓는 소금물에 숙주를 데쳐 찬물에 헹구고 송송 썰어 물기를 꼭 짠다.
13 소고기, 두부, 숙주, 꽃게살을 합하여 만들어 놓은 양념으로 고루 버무린다.
14 게딱지 안쪽의 물기를 닦고 기름을 살짝 바르고 밀가루를 바른 다음 양념한 소를 채워 넣는다.
15 게딱지 위에 밀가루, 달걀을 묻힌다. 달구어진 팬에 식용유를 두르고 전을 지지듯 한 면만 지져낸다.
16 살을 발라낸 꽃게에 생강, 대파, 물을 부어 끓인 뒤 고운체에 거른다.
17 꽃게육수에 고추장, 된장, 다진 마늘, 청주를 넣어 끓인다. 무를 넣어 끓이고 말갛게 익으면 지져낸 게와 어슷썬 대파를 넣어 한소끔 더 끓인다.

담아 완성하기
18 게감정 담을 그릇을 선택한다.
19 게감정을 따뜻하게 담아낸다.

학습
평가

서술형 시험

학습내용	평가 항목	성취수준		
		상	중	하
찌개 재료 준비 및 전처리	찌개의 종류별로 특징을 파악하는 능력			
	생선의 비린내를 제거하는 방법			
찌개 육수 조리	육수의 종류를 파악하는 능력			
	육수를 끓이는 과정에 일어나는 변화의 이해능력			
찌개 조리	찌개의 종류를 구분하는 능력			
	메뉴별 찌개 재료를 준비하는 능력			
찌개 그릇 선택	메뉴에 따라 그릇을 선택하는 방법			
찌개 담기	찌개를 조화롭게 담는 방법			

평가자 체크리스트

학습내용	평가 항목	성취수준		
		상	중	하
찌개 재료 준비 및 전처리	재료를 계량하는 능력			
	찌개 재료의 전처리 능력			
찌개 육수 조리	육수에 따른 재료를 준비하는 능력			
	부유물과 기름을 걷어내는 방법과 적절성			
찌개 조리	찌개의 색을 유지하는 능력			
	찌개의 양념을 조절하는 능력			
	찌개의 익힘 정도를 조절하는 능력			
	주재료와 부재료를 끓여서 국물의 양을 조절하는 능력			
찌개 그릇 선택	음식의 양, 계절성 등을 고려하여 선택하는 능력			
찌개 담기	메뉴에 따른 부재료를 담는 능력			

작업장 평가

학습내용	평가 항목	성취수준		
		상	중	하
찌개 재료 준비 및 전처리	재료의 상태에 따른 계량 능력			
	찌개 재료에 따른 전처리 능력			
찌개 육수 조리	메뉴에 적합한 육수 만드는 능력			
	육수의 사용량을 만드는 능력			
찌개 조리	찌개와 국물의 비율이 맞도록 조절하는 능력			
	색을 유지하며 끓이는 능력			
	양념을 조절하여 간을 맞추는 능력			
	익힘 정도를 적합하게 하는 능력			
	불의 세기를 조절하는 능력			
찌개 그릇 선택	찌개를 끓일 냄비를 선택하는 능력			
찌개 담기	쑥갓, 팽이버섯 등 조리 시간을 고려하여 같이 담거나 별도의 그릇에 담아 내는 능력			

학습자 완성품 사진

오이감정

재료

- 오이 1개
- 소고기 80g
- 풋고추 1개
- 붉은 고추 1개
- 대파 50g
- 다진 마늘 1큰술
- 쌀뜨물 또는 물 1½컵
- 고추장 1½큰술
- 된장 1/2작은술
- 소금 약간

고기양념

- 국간장 1/2작은술
- 다진 대파 1작은술
- 다진 마늘 1/2작은술
- 참기름 1작은술
- 깨소금 1/6작은술
- 후춧가루 1/8작은술

만드는 법

재료 확인하기

1 오이, 소고기, 풋고추, 붉은 고추, 대파, 다진 마늘, 고추장, 된장 등 확인하기

사용할 도구 선택하기

2 냄비, 나무젓가락 등을 선택하여 준비한다.

재료 계량하기

3 각각의 재료 분량을 컵과 계량스푼, 저울로 계량하기

재료 준비하기

4 오이는 소금으로 비벼 씻어 반으로 가르고, 4cm 길이로 어슷하게 썬다.
5 소고기는 0.5cm×4cm로 얇게 채 썬다.
6 풋고추, 붉은 고추는 어슷썰기하여 씨를 제거한다.
7 대파는 어슷썰기한다.

조리하기

8 분량의 재료를 섞어 고기양념을 만든다.
9 소고기는 고기양념으로 버무린다.
10 냄비에 소고기를 넣어 볶고 물, 된장, 고추장, 다진 마늘을 넣어 끓인다. 오이, 풋고추, 붉은 고추, 대파를 넣어 끓인다.

담아 완성하기

11 오이감정 담을 그릇을 선택한다.
12 오이감정을 따뜻하게 담아낸다.

서술형 시험

학습내용	평가 항목	성취수준		
		상	중	하
찌개 재료 준비 및 전처리	찌개의 종류별로 특징을 파악하는 능력			
	생선의 비린내를 제거하는 방법			
찌개 육수 조리	육수의 종류를 파악하는 능력			
	육수를 끓이는 과정에 일어나는 변화의 이해능력			
찌개 조리	찌개의 종류를 구분하는 능력			
	메뉴별 찌개 재료를 준비하는 능력			
찌개 그릇 선택	메뉴에 따라 그릇을 선택하는 방법			
찌개 담기	찌개를 조화롭게 담는 방법			

평가자 체크리스트

학습내용	평가 항목	성취수준		
		상	중	하
찌개 재료 준비 및 전처리	재료를 계량하는 능력			
	찌개 재료의 전처리 능력			
찌개 육수 조리	육수에 따른 재료를 준비하는 능력			
	부유물과 기름을 걷어내는 방법과 적절성			
찌개 조리	찌개의 색을 유지하는 능력			
	찌개의 양념을 조절하는 능력			
	찌개의 익힘 정도를 조절하는 능력			
	주재료와 부재료를 끓여서 국물의 양을 조절하는 능력			
찌개 그릇 선택	음식의 양, 계절성 등을 고려하여 선택하는 능력			
찌개 담기	메뉴에 따른 부재료를 담는 능력			

작업장 평가

학습내용	평가 항목	성취수준		
		상	중	하
찌개 재료 준비 및 전처리	재료의 상태에 따른 계량 능력			
	찌개 재료에 따른 전처리 능력			
찌개 육수 조리	메뉴에 적합한 육수 만드는 능력			
	육수의 사용량을 만드는 능력			
찌개 조리	찌개와 국물의 비율이 맞도록 조절하는 능력			
	색을 유지하며 끓이는 능력			
	양념을 조절하여 간을 맞추는 능력			
	익힘 정도를 적합하게 하는 능력			
	불의 세기를 조절하는 능력			
찌개 그릇 선택	찌개를 끓일 냄비를 선택하는 능력			
찌개 담기	쑥갓, 팽이버섯 등 조리 시간을 고려하여 같이 담거나 별도의 그릇에 담아 내는 능력			

학습자 완성품 사진

병어감정

재료

- 병어 1마리(200g)
- 소금 약간
- 후춧가루 약간
- 실파 20g
- 마늘 10g
- 생강 5g
- 물 2컵
- 참기름 약간

양념장

- 고추장 3큰술
- 설탕 1/2큰술
- 간장 1/2큰술
- 육수 1/2컵

만드는 법

재료 확인하기
1 병어, 소금, 후춧가루, 실파, 마늘, 생강, 참기름, 고추장 등 확인하기

사용할 도구 선택하기
2 냄비, 나무젓가락 등을 선택하여 준비한다.

재료 계량하기
3 각각의 재료 분량을 컵과 계량스푼, 저울로 계량하기

재료 준비하기
4 병어는 싱싱한 것으로 골라 지느러미를 제거하고 비늘을 잘 긁어서 씻고 내장을 뺀다. 포 떠서 1cm×3cm 길이로 썰어 소금, 후춧가루를 뿌린다.
5 실파는 다듬어 씻은 다음 3cm 길이로 썬다.
6 마늘, 생강은 0.3cm 두께로 채 썬다.

조리하기
7 분량의 재료를 섞어 양념장을 만든다.
8 냄비에 물, 생선뼈, 파, 마늘, 생강 자투리를 넣어 끓인 뒤 면포에 거른다.
9 냄비에 육수, 양념장을 끓이다가 병어, 실파, 마늘, 생강을 넣고 불을 줄여서 익힌다.
10 병어가 익으면 참기름을 두르고 살이 부서지지 않게 그릇에 담아낸다.

담아 완성하기
11 병어감정 담을 그릇을 선택한다.
12 병어감정을 따뜻하게 담아낸다.

학습
평가

서술형 시험

학습내용	평가 항목	성취수준		
		상	중	하
찌개 재료 준비 및 전처리	찌개의 종류별로 특징을 파악하는 능력			
	생선의 비린내를 제거하는 방법			
찌개 육수 조리	육수의 종류를 파악하는 능력			
	육수를 끓이는 과정에 일어나는 변화의 이해능력			
찌개 조리	찌개의 종류를 구분하는 능력			
	메뉴별 찌개 재료를 준비하는 능력			
찌개 그릇 선택	메뉴에 따라 그릇을 선택하는 방법			
찌개 담기	찌개를 조화롭게 담는 방법			

평가자 체크리스트

학습내용	평가 항목	성취수준		
		상	중	하
찌개 재료 준비 및 전처리	재료를 계량하는 능력			
	찌개 재료의 전처리 능력			
찌개 육수 조리	육수에 따른 재료를 준비하는 능력			
	부유물과 기름을 걷어내는 방법과 적절성			
찌개 조리	찌개의 색을 유지하는 능력			
	찌개의 양념을 조절하는 능력			
	찌개의 익힘 정도를 조절하는 능력			
	주재료와 부재료를 끓여서 국물의 양을 조절하는 능력			
찌개 그릇 선택	음식의 양, 계절성 등을 고려하여 선택하는 능력			
찌개 담기	메뉴에 따른 부재료를 담는 능력			

작업장 평가

학습내용	평가 항목	성취수준		
		상	중	하
찌개 재료 준비 및 전처리	재료의 상태에 따른 계량 능력			
	찌개 재료에 따른 전처리 능력			
찌개 육수 조리	메뉴에 적합한 육수 만드는 능력			
	육수의 사용량을 만드는 능력			
찌개 조리	찌개와 국물의 비율이 맞도록 조절하는 능력			
	색을 유지하며 끓이는 능력			
	양념을 조절하여 간을 맞추는 능력			
	익힘 정도를 적합하게 하는 능력			
	불의 세기를 조절하는 능력			
찌개 그릇 선택	찌개를 끓일 냄비를 선택하는 능력			
찌개 담기	쑥갓, 팽이버섯 등 조리 시간을 고려하여 같이 담거나 별도의 그릇에 담아 내는 능력			

학습자 완성품 사진

수험자 유의사항

1) 만드는 순서에 유의하며, 위생과 숙련된 기능평가를 위하여 조리작업 시 맛을 보지 않습니다.

2) 지정된 수험자 지참준비물 이외의 조리기구나 재료를 시험장 내에 지참할 수 없습니다.

3) 지급재료는 시험 전 확인하여 이상이 있을 경우 시험위원으로부터 조치를 받고 시험 중에는 재료의 교환 및 추가지급은 하지 않습니다.

4) 요구사항 및 지급재료의 규격은 "정도"의 의미를 포함하며, 재료의 크기에 따라 가감하여 채점됩니다.

5) 위생복, 위생모, 앞치마, 마스크를 착용하여야 하며, 시험장비 · 조리기구 취급 등 안전에 유의합니다.

6) 다음 사항은 실격에 해당하여 채점 대상에서 제외됩니다.

   가) 수험자 본인이 시험 도중 시험에 대한 포기 의사를 표현하는 경우

   나) 위생복, 위생모, 앞치마, 마스크를 착용하지 않은 경우

   다) 시험시간 내에 과제 두 가지를 제출하지 못한 경우

   라) 문제의 요구사항대로 과제의 수량이 만들어지지 않은 경우

   마) 구이를 조림 등으로 조리하여 완성품을 요구사항과 다르게 만든 경우

   바) 불을 사용하여 만든 조리작품이 작품특성에 벗어나는 정도로 타거나 익지 않은 경우

   사) 해당 과제의 지급재료 이외 재료를 사용하거나 석쇠 등 요구사항의 조리기구를 사용하지 않은 경우

   아) 지정된 수험자 지참준비물 이외의 조리기구를 조리에 사용한 경우

   자) 가스레인지 화구 2개 이상(2개 포함) 사용한 경우

   차) 시험 중 시설 · 장비(칼, 가스레인지 등) 사용 시 시험위원 및 타 수험자의 시험 진행에 위해를 일으킬 것으로 시험위원 전원이 합의하여 판단한 경우

   카) 요구사항에 표시된 실격 및 부정행위에 해당하는 경우

7) 항목별 배점은 위생상태 및 안전관리 5점, 조리기술 30점, 작품의 평가 15점입니다.

8) 시험시작 전 가벼운 몸 풀기(스트레칭) 동작으로 긴장을 풀고 시험을 시작합니다.

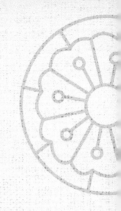

한식조리기능사
실기 품목

🍲 요구사항

※ 주어진 재료를 사용하여 다음과 같이 두부젓국찌개를 만드시오.

가. 두부는 2cm×3cm×1cm로 써시오.

나. 홍고추는 0.5cm×3cm, 실파는 3cm 길이로 써시오.

다. 간은 소금과 새우젓으로 하고, 국물을 맑게 만드시오.

라. 찌개의 국물은 200mL 이상 제출하시오.

두부젓국찌개

재료

- 두부 100g
- 생굴(껍질 벗긴 것) 30g
- 실파 20g(1부리)
- 홍고추(생) 1/2개
- 새우젓 10g
- 마늘(중, 깐 것) 1쪽
- 참기름 5ml
- 소금(정제염) 5g

만드는 법

재료 확인하기

1 생굴, 소금, 두부, 붉은 고추, 실파, 새우젓 등 확인하기

사용할 도구 선택하기

2 냄비, 프라이팬, 나무젓가락 등을 선택하여 준비한다.

재료 계량하기

3 각각의 재료 분량을 컵과 계량스푼, 저울로 계량하기

재료 준비하기

4 굴은 소금물에 흔들어 씻는다.

5 두부는 2cm×3cm×1cm 크기로 썬다.

6 붉은 고추는 3cm×0.5cm 크기로 채를 썬다.

7 실파는 3cm 길이로 썬다.

조리하기

8 냄비에 물과 새우젓국을 넣고 끓인다.

9 육수에 두부와 붉은 고추를 넣고 끓인다.

10 굴, 실파를 넣어 끓이고, 거품은 걷어낸다.

11 냄비에 불을 끄고, 참기름을 넣는다.

담아 완성하기

12 두부젓국찌개 담을 그릇을 선택한다.

13 두부젓국찌개를 따뜻하게 담아낸다.

학습 평가

| 서술형 시험

학습내용	평가 항목	성취수준		
		상	중	하
찌개 재료 준비 및 전처리	찌개의 종류별로 특징을 파악하는 능력			
	생선의 비린내를 제거하는 방법			
찌개 육수 조리	육수의 종류를 파악하는 능력			
	육수를 끓이는 과정에 일어나는 변화의 이해능력			
찌개 조리	찌개의 종류를 구분하는 능력			
	메뉴별 찌개 재료를 준비하는 능력			
찌개 그릇 선택	메뉴에 따라 그릇을 선택하는 방법			
찌개 담기	찌개를 조화롭게 담는 방법			

| 평가자 체크리스트

학습내용	평가 항목	성취수준		
		상	중	하
찌개 재료 준비 및 전처리	재료를 계량하는 능력			
	찌개 재료의 전처리 능력			
찌개 육수 조리	육수에 따른 재료를 준비하는 능력			
	부유물과 기름을 걷어내는 방법과 적절성			
찌개 조리	찌개의 색을 유지하는 능력			
	찌개의 양념을 조절하는 능력			
	찌개의 익힘 정도를 조절하는 능력			
	주재료와 부재료를 끓여서 국물의 양을 조절하는 능력			
찌개 그릇 선택	음식의 양, 계절성 등을 고려하여 선택하는 능력			
찌개 담기	메뉴에 따른 부재료를 담는 능력			

작업장 평가

학습내용	평가 항목	성취수준		
		상	중	하
찌개 재료 준비 및 전처리	재료의 상태에 따른 계량 능력			
	찌개 재료에 따른 전처리 능력			
찌개 육수 조리	메뉴에 적합한 육수 만드는 능력			
	육수의 사용량을 만드는 능력			
찌개 조리	찌개와 국물의 비율이 맞도록 조절하는 능력			
	색을 유지하며 끓이는 능력			
	양념을 조절하여 간을 맞추는 능력			
	익힘 정도를 적합하게 하는 능력			
	불의 세기를 조절하는 능력			
찌개 그릇 선택	찌개를 끓일 냄비를 선택하는 능력			
찌개 담기	쑥갓, 팽이버섯 등 조리 시간을 고려하여 같이 담거나 별도의 그릇에 담아 내는 능력			

학습자 완성품 사진

 요구사항

※ 주어진 재료를 사용하여 다음과 같이 생선찌개를 만드시오.

가. 생선은 4~5cm의 토막으로 자르시오.

나. 무, 두부는 2.5cm×3.5cm×0.8cm로 써시오.

다. 호박은 0.5cm 반달형, 고추는 통 어슷썰기, 쑥갓과 파는 4cm로 써시오.

라. 고추장, 고춧가루를 사용하여 만드시오.

마. 각 재료는 익는 순서에 따라 조리하고, 생선살이 부서지지 않도록 하시오.

바. 생선머리를 포함하여 전량 제출하시오.

생선찌개

재료

- 동태 1마리(300g)
- 무 60g
- 애호박 30g
- 두부 60g
- 풋고추(길이 5cm 이상) 1개
- 홍고추(생) 1개
- 쑥갓 10g
- 마늘(중, 깐 것) 2쪽
- 생강 10g
- 실파 40g(2부리)
- 고추장 30g
- 소금(정제염) 10g
- 고춧가루 10g

만드는 법

재료 확인하기
1 동태, 무, 애호박, 두부, 풋고추, 붉은 고추, 쑥갓, 깐 마늘, 생강, 실파 등 확인하기

사용할 도구 선택하기
2 냄비, 나무젓가락 등을 선택하여 준비한다.

재료 계량하기
3 각각의 재료 분량을 컵과 계량스푼, 저울로 계량하기

재료 준비하기
4 마늘은 곱게 다진다.
5 생강은 껍질을 제거하여 즙을 만든다.
6 동태는 지느러미를 자르고, 비늘을 긁어낸다. 내장을 손질하고 깨끗이 씻어 길이 4cm~5cm로 자른다.
7 무와 두부는 2.5cm×3.5cm×0.8cm 정도로 썬다.
8 애호박은 0.5cm 반달형 또는 은행잎모양으로 썬다.
9 쑥갓, 실파는 손질하여 씻어 4cm 정도로 썬다.
10 풋고추, 붉은 고추, 대파는 어슷썰기한다.

조리하기
11 고추장, 고춧가루, 다진 마늘, 생강즙, 소금을 섞어 양념을 만든다.
12 냄비에 물을 붓고 양념을 풀어 센 불에 끓인 뒤 무를 넣고 중불로 끓인다. 동태를 넣어 끓인다. 두부, 애호박, 풋·붉은 고추, 대파를 넣어 끓인다. 쑥갓을 넣고 불을 끈다.

담아 완성하기
13 생선찌개 담을 그릇을 선택한다.
14 생선찌개를 따뜻하게 담아낸다.

서술형 시험

학습내용	평가 항목	성취수준		
		상	중	하
찌개 재료 준비 및 전처리	찌개의 종류별로 특징을 파악하는 능력			
	생선의 비린내를 제거하는 방법			
찌개 육수 조리	육수의 종류를 파악하는 능력			
	육수를 끓이는 과정에 일어나는 변화의 이해능력			
찌개 조리	찌개의 종류를 구분하는 능력			
	메뉴별 찌개 재료를 준비하는 능력			
찌개 그릇 선택	메뉴에 따라 그릇을 선택하는 방법			
찌개 담기	찌개를 조화롭게 담는 방법			

평가자 체크리스트

학습내용	평가 항목	성취수준		
		상	중	하
찌개 재료 준비 및 전처리	재료를 계량하는 능력			
	찌개 재료의 전처리 능력			
찌개 육수 조리	육수에 따른 재료를 준비하는 능력			
	부유물과 기름을 건어내는 방법과 적절성			
찌개 조리	찌개의 색을 유지하는 능력			
	찌개의 양념을 조절하는 능력			
	찌개의 익힘 정도를 조절하는 능력			
	주재료와 부재료를 끓여서 국물의 양을 조절하는 능력			
찌개 그릇 선택	음식의 양, 계절성 등을 고려하여 선택하는 능력			
찌개 담기	메뉴에 따른 부재료를 담는 능력			

작업장 평가

학습내용	평가 항목	성취수준		
		상	중	하
찌개 재료 준비 및 전처리	재료의 상태에 따른 계량 능력			
	찌개 재료에 따른 전처리 능력			
찌개 육수 조리	메뉴에 적합한 육수 만드는 능력			
	육수의 사용량을 만드는 능력			
찌개 조리	찌개와 국물의 비율이 맞도록 조절하는 능력			
	색을 유지하며 끓이는 능력			
	양념을 조절하여 간을 맞추는 능력			
	익힘 정도를 적합하게 하는 능력			
	불의 세기를 조절하는 능력			
찌개 그릇 선택	찌개를 끓일 냄비를 선택하는 능력			
찌개 담기	쑥갓, 팽이버섯 등 조리 시간을 고려하여 같이 담거나 별도의 그릇에 담아 내는 능력			

학습자 완성품 사진

일일 개인위생 점검표(입실준비)

점검 항목	착용 및 실시 여부	점검결과		
		양호	보통	미흡
조리모				
두발의 형태에 따른 손질(머리망 등)				
조리복 상의				
조리복 바지				
앞치마				
스카프				
안전화				
손톱의 길이 및 매니큐어 여부				
반지, 시계, 팔찌 등				
짙은 화장				
향수				
손 씻기				
상처유무 및 적절한 조치				
흰색 행주 지참				
사이드 타월				
개인용 조리도구				

점검일 :   년   월   일   이름 :

일일 위생 점검표(퇴실준비)

점검 항목	착용 및 실시 여부	점검결과		
		양호	보통	미흡
그릇, 기물 세척 및 정리정돈				
기계, 도구, 장비 세척 및 정리정돈				
작업대 청소 및 물기 제거				
가스레인지 또는 인덕션 청소				
양념통 정리				
남은 재료 정리정돈				
음식 쓰레기 저리				
개수대 청소				
수도 주변 및 세제 관리				
바닥 청소				
청소도구 정리정돈				
전기 및 Gas 체크				

점검일 :   년   월   일   이름 :

일일 개인위생 점검표(입실준비)

점검 항목	착용 및 실시 여부	점검결과		
		양호	보통	미흡
조리모				
두발의 형태에 따른 손질(머리망 등)				
조리복 상의				
조리복 바지				
앞치마				
스카프				
안전화				
손톱의 길이 및 매니큐어 여부				
반지, 시계, 팔찌 등				
짙은 화장				
향수				
손 씻기				
상처유무 및 적절한 조치				
흰색 행주 지참				
사이드 타월				
개인용 조리도구				

점검일 : 년 월 일 이름 :

일일 위생 점검표(퇴실준비)

점검 항목	착용 및 실시 여부	점검결과		
		양호	보통	미흡
그릇, 기물 세척 및 정리정돈				
기계, 도구, 장비 세척 및 정리정돈				
작업대 청소 및 물기 제거				
가스레인지 또는 인덕션 청소				
양념통 정리				
남은 재료 정리정돈				
음식 쓰레기 처리				
개수대 청소				
수도 주변 및 세제 관리				
바닥 청소				
청소도구 정리정돈				
전기 및 Gas 체크				

점검일 : 년 월 일 이름 :

일일 개인위생 점검표(입실준비)

점검 항목	착용 및 실시 여부	점검결과		
점검일 : 년 월 일 이름 :		양호	보통	미흡
조리모				
두발의 형태에 따른 손질(머리망 등)				
조리복 상의				
조리복 바지				
앞치마				
스카프				
안전화				
손톱의 길이 및 매니큐어 여부				
반지, 시계, 팔찌 등				
짙은 화장				
향수				
손 씻기				
상처유무 및 적절한 조치				
흰색 행주 지참				
사이드 타월				
개인용 조리도구				

일일 위생 점검표(퇴실준비)

점검 항목	착용 및 실시 여부	점검결과		
점검일 : 년 월 일 이름 :		양호	보통	미흡
그릇, 기물 세척 및 정리정돈				
기계, 도구, 장비 세척 및 정리정돈				
작업대 청소 및 물기 제거				
가스레인지 또는 인덕션 청소				
양념통 정리				
남은 재료 정리정돈				
음식 쓰레기 저리				
개수대 청소				
수도 주변 및 세제 관리				
바닥 청소				
청소도구 정리정돈				
전기 및 Gas 체크				

일일 개인위생 점검표(입실준비)

점검 항목	착용 및 실시 여부	점검결과		
		양호	보통	미흡
조리모				
두발의 형태에 따른 손질(머리망 등)				
조리복 상의				
조리복 바지				
앞치마				
스카프				
안전화				
손톱의 길이 및 매니큐어 여부				
반지, 시계, 팔찌 등				
짙은 화장				
향수				
손 씻기				
상처유무 및 적절한 조치				
흰색 행주 지참				
사이드 타월				
개인용 조리도구				

점검일 : 년 월 일   이름 :

일일 위생 점검표(퇴실준비)

점검 항목	착용 및 실시 여부	점검결과		
		양호	보통	미흡
그릇, 기물 세척 및 정리정돈				
기계, 도구, 장비 세척 및 정리정돈				
작업대 청소 및 물기 제거				
가스레인지 또는 인덕션 청소				
양념통 정리				
남은 재료 정리정돈				
음식 쓰레기 처리				
개수대 청소				
수도 주변 및 세제 관리				
바닥 청소				
청소도구 정리정돈				
전기 및 Gas 체크				

점검일 : 년 월 일   이름 :

| 일일 개인위생 점검표(입실준비)

점검 항목	착용 및 실시 여부	점검결과		
		양호	보통	미흡
조리모				
두발의 형태에 따른 손질(머리망 등)				
조리복 상의				
조리복 바지				
앞치마				
스카프				
안전화				
손톱의 길이 및 매니큐어 여부				
반지, 시계, 팔찌 등				
짙은 화장				
향수				
손 씻기				
상처유무 및 적절한 조치				
흰색 행주 지참				
사이드 타월				
개인용 조리도구				

점검일 : 년 월 일 이름 :

| 일일 위생 점검표(퇴실준비)

점검 항목	착용 및 실시 여부	점검결과		
		양호	보통	미흡
그릇, 기물 세척 및 정리정돈				
기계, 도구, 장비 세척 및 정리정돈				
작업대 청소 및 물기 제거				
가스레인지 또는 인덕션 청소				
양념통 정리				
남은 재료 정리정돈				
음식 쓰레기 처리				
개수대 청소				
수도 주변 및 세제 관리				
바닥 청소				
청소도구 정리정돈				
전기 및 Gas 체크				

점검일 : 년 월 일 이름 :

▍일일 개인위생 점검표(입실준비)

점검일 : 년 월 일   이름 :

점검 항목	착용 및 실시 여부	점검결과		
		양호	보통	미흡
조리모				
두발의 형태에 따른 손질(머리망 등)				
조리복 상의				
조리복 바지				
앞치마				
스카프				
안전화				
손톱의 길이 및 매니큐어 여부				
반지, 시계, 팔찌 등				
짙은 화장				
향수				
손 씻기				
상처유무 및 적절한 조치				
흰색 행주 지참				
사이드 타월				
개인용 조리도구				

▍일일 위생 점검표(퇴실준비)

점검일 : 년 월 일   이름 :

점검 항목	착용 및 실시 여부	점검결과		
		양호	보통	미흡
그릇, 기물 세척 및 정리정돈				
기계, 도구, 장비 세척 및 정리정돈				
작업대 청소 및 물기 제거				
가스레인지 또는 인덕션 청소				
양념통 정리				
남은 재료 정리정돈				
음식 쓰레기 처리				
개수대 청소				
수도 주변 및 세제 관리				
바닥 청소				
청소도구 정리정돈				
전기 및 Gas 체크				

일일 개인위생 점검표(입실준비)

점검 항목	착용 및 실시 여부	점검결과		
		양호	보통	미흡
조리모				
두발의 형태에 따른 손질(머리망 등)				
조리복 상의				
조리복 바지				
앞치마				
스카프				
안전화				
손톱의 길이 및 매니큐어 여부				
반지, 시계, 팔찌 등				
짙은 화장				
향수				
손 씻기				
상처유무 및 적절한 조치				
흰색 행주 지참				
사이드 타월				
개인용 조리도구				

점검일 : 년 월 일 이름 :

일일 위생 점검표(퇴실준비)

점검 항목	착용 및 실시 여부	점검결과		
		양호	보통	미흡
그릇, 기물 세척 및 정리정돈				
기계, 도구, 장비 세척 및 정리정돈				
작업대 청소 및 물기 제거				
가스레인지 또는 인덕션 청소				
양념통 정리				
남은 재료 정리정돈				
음식 쓰레기 처리				
개수대 청소				
수도 주변 및 세제 관리				
바닥 청소				
청소도구 정리정돈				
전기 및 Gas 체크				

점검일 : 년 월 일 이름 :

▌일일 개인위생 점검표(입실준비)

점검 항목	착용 및 실시 여부	점검결과		
		양호	보통	미흡
조리모				
두발의 형태에 따른 손질(머리망 등)				
조리복 상의				
조리복 바지				
앞치마				
스카프				
안전화				
손톱의 길이 및 매니큐어 여부				
반지, 시계, 팔찌 등				
짙은 화장				
향수				
손 씻기				
상처유무 및 적절한 조치				
흰색 행주 지참				
사이드 타월				
개인용 조리도구				

점검일 : 년 월 일 이름 :

▌일일 위생 점검표(퇴실준비)

점검 항목	착용 및 실시 여부	점검결과		
		양호	보통	미흡
그릇, 기물 세척 및 정리정돈				
기계, 도구, 장비 세척 및 정리정돈				
작업대 청소 및 물기 제거				
가스레인지 또는 인덕션 청소				
양념통 정리				
남은 재료 정리정돈				
음식 쓰레기 처리				
개수대 청소				
수도 주변 및 세제 관리				
바닥 청소				
청소도구 정리정돈				
전기 및 Gas 체크				

점검일 : 년 월 일 이름 :

| 일일 개인위생 점검표(입실준비)

점검일 : 년 월 일 이름 :				
점검 항목	착용 및 실시 여부	점검결과		
		양호	보통	미흡
조리모				
두발의 형태에 따른 손질(머리망 등)				
조리복 상의				
조리복 바지				
앞치마				
스카프				
안전화				
손톱의 길이 및 매니큐어 여부				
반지, 시계, 팔찌 등				
짙은 화장				
향수				
손 씻기				
상처유무 및 적절한 조치				
흰색 행주 지참				
사이드 타월				
개인용 조리도구				

| 일일 위생 점검표(퇴실준비)

점검일 : 년 월 일 이름 :				
점검 항목	착용 및 실시 여부	점검결과		
		양호	보통	미흡
그릇, 기물 세척 및 정리정돈				
기계, 도구, 장비 세척 및 정리정돈				
작업대 청소 및 물기 제거				
가스레인지 또는 인덕션 청소				
양념통 정리				
남은 재료 정리정돈				
음식 쓰레기 처리				
개수대 청소				
수도 주변 및 세제 관리				
바닥 청소				
청소도구 정리정돈				
전기 및 Gas 체크				

일일 개인위생 점검표(입실준비)

점검일 :   년   월   일   이름 :

점검 항목	착용 및 실시 여부	점검결과		
		양호	보통	미흡
조리모				
두발의 형태에 따른 손질(머리망 등)				
조리복 상의				
조리복 바지				
앞치마				
스카프				
안전화				
손톱의 길이 및 매니큐어 여부				
반지, 시계, 팔찌 등				
짙은 화장				
향수				
손 씻기				
상처유무 및 적절한 조치				
흰색 행주 지참				
사이드 타월				
개인용 조리도구				

일일 위생 점검표(퇴실준비)

점검일 :   년   월   일   이름 :

점검 항목	착용 및 실시 여부	점검결과		
		양호	보통	미흡
그릇, 기물 세척 및 정리정돈				
기계, 도구, 장비 세척 및 정리정돈				
작업대 청소 및 물기 제거				
가스레인지 또는 인덕션 청소				
양념통 정리				
남은 재료 정리정돈				
음식 쓰레기 처리				
개수대 청소				
수도 주변 및 세제 관리				
바닥 청소				
청소도구 정리정돈				
전기 및 Gas 체크				

일일 개인위생 점검표(입실준비)

점검 항목	착용 및 실시 여부	점검결과		
		양호	보통	미흡
조리모				
두발의 형태에 따른 손질(머리망 등)				
조리복 상의				
조리복 바지				
앞치마				
스카프				
안전화				
손톱의 길이 및 매니큐어 여부				
반지, 시계, 팔찌 등				
짙은 화장				
향수				
손 씻기				
상처유무 및 적절한 조치				
흰색 행주 지참				
사이드 타월				
개인용 조리도구				

점검일 : 년 월 일 이름 :

일일 위생 점검표(퇴실준비)

점검 항목	착용 및 실시 여부	점검결과		
		양호	보통	미흡
그릇, 기물 세척 및 정리정돈				
기계, 도구, 장비 세척 및 정리정돈				
작업대 청소 및 물기 제거				
가스레인지 또는 인덕션 청소				
양념통 정리				
남은 재료 정리정돈				
음식 쓰레기 처리				
개수대 청소				
수도 주변 및 세제 관리				
바닥 청소				
청소도구 정리정돈				
전기 및 Gas 체크				

점검일 : 년 월 일 이름 :

| 일일 개인위생 점검표(입실준비)

점검 항목	착용 및 실시 여부	점검결과		
		양호	보통	미흡

점검일 : 년 월 일 이름 :

점검 항목	착용 및 실시 여부	양호	보통	미흡
조리모				
두발의 형태에 따른 손질(머리망 등)				
조리복 상의				
조리복 바지				
앞치마				
스카프				
안전화				
손톱의 길이 및 매니큐어 여부				
반지, 시계, 팔찌 등				
짙은 화장				
향수				
손 씻기				
상처유무 및 적절한 조치				
흰색 행주 지참				
사이드 타월				
개인용 조리도구				

| 일일 위생 점검표(퇴실준비)

점검일 : 년 월 일 이름 :

점검 항목	착용 및 실시 여부	점검결과		
		양호	보통	미흡
그릇, 기물 세척 및 정리정돈				
기계, 도구, 장비 세척 및 정리정돈				
작업대 청소 및 물기 제거				
가스레인지 또는 인덕션 청소				
양념통 정리				
남은 재료 정리정돈				
음식 쓰레기 처리				
개수대 청소				
수도 주변 및 세제 관리				
바닥 청소				
청소도구 정리정돈				
전기 및 Gas 체크				

일일 개인위생 점검표(입실준비)

점검 항목	착용 및 실시 여부	점검결과		
		양호	보통	미흡
점검일 : 년 월 일 이름 :				
조리모				
두발의 형태에 따른 손질(머리망 등)				
조리복 상의				
조리복 바지				
앞치마				
스카프				
안전화				
손톱의 길이 및 매니큐어 여부				
반지, 시계, 팔찌 등				
짙은 화장				
향수				
손 씻기				
상처유무 및 적절한 조치				
흰색 행주 지참				
사이드 타월				
개인용 조리도구				

일일 위생 점검표(퇴실준비)

점검 항목	착용 및 실시 여부	점검결과		
		양호	보통	미흡
점검일 : 년 월 일 이름 :				
그릇, 기물 세척 및 정리정돈				
기계, 도구, 장비 세척 및 정리정돈				
작업대 청소 및 물기 제거				
가스레인지 또는 인덕션 청소				
양념통 정리				
남은 재료 정리정돈				
음식 쓰레기 처리				
개수대 청소				
수도 주변 및 세제 관리				
바닥 청소				
청소도구 정리정돈				
전기 및 Gas 체크				

█ 일일 개인위생 점검표(입실준비)

점검일 :　　년　　월　　일　　이름 :

점검 항목	착용 및 실시 여부	점검결과		
		양호	보통	미흡
조리모				
두발의 형태에 따른 손질(머리망 등)				
조리복 상의				
조리복 바지				
앞치마				
스카프				
안전화				
손톱의 길이 및 매니큐어 여부				
반지, 시계, 팔찌 등				
짙은 화장				
향수				
손 씻기				
상처유무 및 적절한 조치				
흰색 행주 지참				
사이드 타월				
개인용 조리도구				

█ 일일 위생 점검표(퇴실준비)

점검일 :　　년　　월　　일　　이름 :

점검 항목	착용 및 실시 여부	점검결과		
		양호	보통	미흡
그릇, 기물 세척 및 정리정돈				
기계, 도구, 장비 세척 및 정리정돈				
작업대 청소 및 물기 제거				
가스레인지 또는 인덕션 청소				
양념통 정리				
남은 재료 정리정돈				
음식 쓰레기 처리				
개수대 청소				
수도 주변 및 세제 관리				
바닥 청소				
청소도구 정리정돈				
전기 및 Gas 체크				

저자 소개

한혜영

현) 충북도립대학교 조리제빵과 교수
　어린이급식관리지원센터 센터장
· 세종대학교 조리외식경영학전공 조리학 박사
· 숙명여자대학교 전통식생활문화전공 석사
· 조리기능장
· Le Cordon bleu (France, Australia) 연수
· The Culinary Institute of America 연수
· Cursos de cocina espanola en sevilla (Spain) 연수
· Italian Culinary Institute For Foreigner 연수
· 롯데호텔 서울
· 인터컨티넨탈 호텔 서울
· 떡제조기능사, 조리산업기사, 조리기능장 출제위원 및 심사위원
· 한국외식산업학회 이사
· 농림축산식품부장관상, 식약처장상, 해양수산부장관상,
　산림청장상
· 대전지방식품의약품안전청장상, 충북도지사상
· KBS 비타민, 위기탈출넘버원
· 한혜영 교수의 재미있고 맛있는 음식이야기 CJB 라디오
　청주방송
· SBS 모닝와이드
· MBC 생방송오늘아침 등
· 파리, 대만, 홍콩, 알제리, 카타르, 싱가포르, 상해, 터키, 리옹,
　라스베이거스, 요르단, 쿠웨이트, 터키, 말레이시아, 미국, 오만,
　에콰도르, 파나마, 카타르, 몽골, 체코, 브라질, 네덜란드, 호주,
　일본 등 대사관 초청 한국음식 강의 및 홍보행사
· 순창, 임실, 옥천, 밀양, 화천, 봉화, 진천, 태백, 경주, 서산, 충주,
　양양, 웅진, 성주, 이천 등 메뉴개발 및 강의

저서
· 한혜영의 한국음식, 효일출판사, 2013
· NCS 자격검정을 위한 한식조리 12권, 백산출판사, 2016
· NCS 자격검정을 위한 한식기초조리실무, 백산출판사, 2017
· NCS 자격검정을 위한 알기쉬운 한식조리, 백산출판사, 2017
· NCS 한식조리실무, 백산출판사, 2017
· 조리사가 꼭 알아야 할 단체급식, 백산출판사, 2018
· 양식조리 NCS학습모듈 공동 집필 8권, 한국직업능력개발원,
　2018
· 동남아요리, 백산출판사, 2019
· 떡제조기능사, 비앤씨월드, 2020
· 푸드스타일링 실습, 충북도립대학교, 2020

신은채

현) 동원과학기술대학교 호텔외식조리과 교수
　양산시 시설관리공단 〈숲애서〉 자문위원장
· 한식조리기능사, 조리산업기사 감독위원
· 세종대학교 식품영양학과 이학사
· 서울대학교 보건대학원 보건학 석사
· 동아대학교 식품영양학과 이학박사
· 한식세계화 한식전문조리인력양성과정장
· 채널A 먹거리 X파일 착한식당 검증단

안정화

현) 부천대학교 호텔조리학과 겸임교수
　호원대학교 식품외식조리학과 겸임교수
전) 청운대학교 전통조리과 외래교수
· 세종대학교 외식경영학과 석사
· 조리기능장
· The Culinary Institute of America 연수
· Cursos de Cocina Espanola en Sevilla (Spain) 연수
· 중국양생협회 약선요리 연수
· 한식조리산업기사, 양식조리산업기사, 맛평가사
· 더록스레스토랑 총괄조리장
· KWCA KCC 심사위원
· 세계음식문화원 상임이사
· 해양수산부장관상
· 사찰요리 대상(서울시장상)
· 쌀요리대회 대상
· SBS생방송투데이(조선시대 면요리)
· KBS약선요리
· YTN 뇌의 건강한 요리

저서
· 한식조리기능사(효일출판사)
· 양식조리기능사(백산출판사)

임재창

· 우송정보대학교 조리부사관과 겸임교수
· 마스터쉐프한국협회 상임이사
· 한국음식조리문화협회 상임이사
· 조리기능장 감독위원
· 국민안전처 식품안전위원

저자와의
합의하에
인지첩부
생략

한식조리 찌개

2022년 3월 5일 초판 1쇄 인쇄
2022년 3월 10일 초판 1쇄 발행

지은이 한혜영·신은채·안정화·임재창
펴낸이 진욱상
펴낸곳 (주)백산출판사
교   정 박시내
본문디자인 신화정
표지디자인 오정은

등   록 2017년 5월 29일 제406-2017-000058호
주   소 경기도 파주시 회동길 370(백산빌딩 3층)
전   화 02-914-1621(代)
팩   스 031-955-9911
이메일 edit@ibaeksan.kr
홈페이지 www.ibaeksan.kr

ISBN 979-11-6567-475-5 93590
값 14,000원